电力视觉技术在架空输电线路走廊树障风险中的应用

于　舜　著

东北大学出版社

·沈　阳·

Ⓒ 于 舜 2025

图书在版编目（CIP）数据

电力视觉技术在架空输电线路走廊树障风险中的应用 /
于舜著. -- 沈阳 ：东北大学出版社，2025. 2. -- ISBN
978-7-5517-3793-7

Ⅰ. TM726.3

中国国家版本馆 CIP 数据核字第 2025A6Y593 号

出 版 者：东北大学出版社
地址：沈阳市和平区文化路三号巷 11 号
邮编：110819
电话：024-83、683655（总编室）
024-83687331（营销部）
网址：http://press.neu.edu.cn
印 刷 者：辽宁一诺广告印务有限公司
发 行 者：东北大学出版社
幅面尺寸：170 mm × 240 mm
印　　张：8.5
字　　数：157 千字
出版时间：2025 年 2 月第 1 版
印刷时间：2025 年 2 月第 1 次印刷
策划编辑：张德喜
责任编辑：郎　坤
责任校对：杨　坤
封面设计：潘正一
责任出版：初　茗

ISBN 978-7-5517-3793-7　　　　　　　　定　价：58.00 元

前　言

在自然环境模拟领域，树木建模是极为重要的研究方向。构建逼真的树木模型，对拓宽其应用范围起着关键作用，尤其是在新兴的电力视觉技术领域，意义更为突出。通过建立树木模型，能够对电力设施周边树木进行实时监测与预警，显著提升电力设施运行的安全性与可靠性。

随着电力需求持续增长，架空输电线路的安全稳定运行至关重要。树障作为威胁架空输电线路安全的关键因素，可能引发线路跳闸、短路等严重故障。电力视觉技术凭借高效、精准的监测能力，在架空输电线路走廊树障风险评估与防控方面潜力巨大。运用该技术，不仅能对树木形态、生长状态进行监测与预测，及时发现树木倾斜、断裂等异常，避免对电力设施造成损害，还能借助树木建模，实现对电力设施周围树木的全方位监控。因此，树木建模方法受到学术界和产业界的广泛关注，未来有望在保障电力系统安全稳定运行中发挥更大作用。

国内外学术界对建模方法有着很多研究成果，但这些方法基本局限于自相似算法或迭代算法，构建出的树木模型形态单一，无法和真实的树木形态相一致，难以表现出树木对象在自然界中受外力作用后的形态特征或运动轨迹。如何建造逼真的树木模型并且能够再现树木在自然界中摇曳、断裂的真实形态是树木建模研究亟待解决的热点问题。

本书首先对树木建模的研究意义和现状进行了分析和总结。然后，针对树木静态模型和动态模型，在数据结构、建模算法、对象受力分析和碰撞处理等方面提出了新的建模方法，建立了一套行之有效的算法。这些方法能够有效地提高系统数据存储能力和响应速度，增强树木真实感，准确描绘出对象运动轨迹，从而能够快速建立逼真的树木模型。

本书对树木建模的关键技术进行了深入研究，包括特征单体建模，单体组合消隐，确定树木各组成部分的断裂极限值，风、雨作用于对象的受力分析，确定断裂、摆动幅度的运动轨迹。涵盖了数据结构、建模算法、对象受力分析和碰撞处理等关键问题。本书包括以下几个方面内容：

（1）利用拓展二维半算法构建用于实体建模的简单标准体、复杂标准体、简单变形体和复杂变形体模型。由于半维信息包含多种单体变化信息，数据库中只需存储和单体模型相关的特征信息，即端面信息和半维信息即可，使得存储数据量小，查找特征量迅速，能够快速构建单体模型。

（2）利用消隐算法将构建的单体模型进行组合，逐步搭建树木静态模型。通过"凹凸体"转换，将所有相关的单体全部转化为凸体后，分析两个相关单体"碰撞面"交线的相交情况，判断出两个面片平行或相交的关系。通过"体—面—线"逐步转化的判定方法，确定两个"碰撞面"相交位置及消隐部分，据此将两个单体组合。利用此方法建立的模型真实感强，形态逼真，能够表现出树木的真实形态。

（3）构建树木动态模型中的材料模型。在完成树木静态建模的基础上，考虑到树木处于自然界，经常受到风、雨等自然现象的作用，产生断裂或摆动的效果。为了描绘出这种动态效果，需要计算出树木各组成部分的断裂极限值，通过此数值与外力值相比较，得出对象断裂位置或摆动的情况。

（4）构建树木动态模型中的气候模型。在确定各部分的断裂极限值后，需计算出外界因素作用于树木对象的冲力。风和雨是自然界中最常见的自然现象，本书利用风速和风向值来定义矢量风，建立风模型。讨论风力、雨滴力垂直或斜向作用于树木对象情况，利用动量定理将风速与对象体积、密度等特征建立联系，得到作用于对象的冲力，确定受力对象的运动轨迹。

（5）构建树木动态模型中的运动学模型。树枝、叶片等树木各组成对象受到外力作用后，产生断裂或摆动。通过坐标，判断断裂对象在断裂后的运动过程中与其他对象发生正碰或斜碰，求解出碰撞力和碰撞时间这些特征量，确定碰撞后断裂对象的运动轨迹、被碰撞对象是否断裂或摆动，准确描绘出对象的运动轨迹，建立树木在自然界中的运动学模型。

本书从树木建模算法角度出发，针对树木建模的关键技术展开研究，如数据结构、建模算法、对象受力分析和碰撞处理等，提供了高效、完整的树木建模方法，逼真表现自然界中的树木形态。本书对于树木建模在相关领域的深入应用意义重大，特别是在电力视觉领域的相关研究方面，通过提出的高效、完整的树木建模方法，可以逼真再现自然界中的树木形态，相关研究成果对电力视觉技术在架空输电线路走廊树障风险中的应用具有重要的推动作用。

目　录

第1章

绪　论

1.1 | 研究背景和意义

自然景物模拟的研究起始于20世纪60年代末[1]，发展到当今时代，已经成为计算机图形学的一个重要分支[2]。在自然环境中，有很多种类的实体，其中较为常见且具有代表性的就是树木，因此国内外学术界一直关注树木模型的研究工作。建立树木模型需要植物学、气象学、计算机科学、材料力学、物理学等多学科知识，是一项综合性研究[3-4]。构建的树木模型不仅要能够逼真地表现出树木形态，还要能够描绘树木的动态效果[5]，需要表现出树在风、雨、雪等环境下的摇曳姿态，树叶飘落，树枝断裂等，每一项都是一个复杂的研究课题。

树木模型在当今社会生产、生活等各行业有着广泛的应用：

（1）树木模型在视频、娱乐方面的应用

伴随着科学技术的进步，越来越多的树木模型应用到广告、电影视频、游戏娱乐等生产、生活领域中来。例如：经典迪士尼动画电影《虫虫特工队》中，利用计算机模拟出了树在微风中的姿态[6]；在游戏《魔兽世界》中，逼真的树木模型提高了游戏者的视觉感受。

（2）树木模型在农、林业方面的应用

通过建立树木模型，可以准确地进行农作物产量预测、土地生产力评估、植物环境分析、作物栽培指导、作物生长机理研究以及最新发展起来的精确农业技术应用[7]。

在一个林区内各种类型的树木经常是分区域栽种，但是在各个区域的交界

地带有可能存在着两种或者多种树木混杂的情况。通过逼真的树木模型能够快速而又准确地识别它们属于何种类树木以及具体位置坐标、生长状态等信息[8]。

（3）树木模型在教育、军事国防方面的应用

在教育、教学方面，采用虚拟植物技术建立树木模型，可以形象地模拟植物形态结构、生长过程，使得学生快速、准确地认识各类树木，了解其生长特点和结构特征[9]。

在军事国防方面，如飞行员训练，或者导弹操控过程中[10]，飞机和导弹不仅在高空飞行，还需低空飞掠于密林上方。建立飞行路线附近地貌与树木模型可以为建立飞行路径提供参考。

（4）树木模型在电力视觉方面的应用

"树线矛盾"的原因有很多[11-12]，在传统电力领域中存在相关研究，如基于贝叶斯网络对树木可能造成的输电线路事故进行分析警告[13]。电力视觉技术是一种基于机器学习、模式识别、图像处理等技术结合电力领域知识解决电力系统各个环节中视觉问题的电力人工智能技术[14]。在电力视觉技术中应用逼真的树木模型是电力视觉技术领域潜在的重要研究方向之一，树木模型的构建可以实现对电力设施周围树木的监测和预测，以及对树木的形态、生长状态等方面进行分析和评估。这些信息可以辅助电力视觉技术更好地规划和维护电力设施，提高电力设施的安全性和可靠性。

树木模型的建立需要考虑多种因素，如树木的物理特性、生长环境、生长状态等。其中，树木的物理特性是树木模型建立的基础，包括树干、树枝、树叶等部分的形态和结构。树木的生长环境也对树木模型的建立产生影响，如土壤、气候等因素都会影响树木的生长和形态。此外，树木的生长状态也是树木模型建立的重要因素之一，包括树木的健康状况、生长速度、生长方向等方面。

通过电力视觉技术的应用，可以实现对树木模型的实时监测和分析，及时发现树木的异常情况，如倾斜、断裂等。这些信息可以帮助电力公司及时采取措施，避免对电力设施造成损害。此外，树木模型的建立还可以为电力设施的规划和维护提供更加准确的数据支持，从而保障电力系统的稳定运行。

树木模型也可以应用到其他一些领域，诸如在人工生命领域，生物学家希

望借助树木模型更方便地研究树木的生长规律；在计算机辅助园林和景观设计中建筑环境的整体规划、园林的景物布局、艺术造型也需要有逼真的树木模型。在建模与仿真、设计与规划、科学考察与自然保护等领域中树木模型也有着重要的应用[15]。

鉴于树木模型在生产、生活中应用广泛，学术界早在20世纪60年代就着手对其进行研究，从图形学角度主要分为基于规则的建模方法、基于草图的建模方法和基于图像的建模方法三大类。

（1）基于规则的建模方法

典型的基于规则的树木建模方法有：Honda 提出了利用参数来定义树木各部分对象结构特征的模型[16]；Oppenheimer 提出基于分形算法来进行树木实时建模的方法[17]；Reeves 和 Blau 提出利用结构化粒子系统来对树木进行随机建模[18]；De Reffye 等提出严格基于植物本身的特征规律、利用随机参数来进行树木建模[19]；Weber 和 Penn 使用了几何规则来实现树木的分布生长建模[20]。在基于规则的建模方法中具有代表性并且使用较多算法的是 L-system（L 系统）。1968 年，生物学家 Lindermayer 依据细胞之间交互普遍规律提出了利用字符串重写规则的系统，即 L-system：利用事先定义的符号规则反复填充表达式内容，得到几何图形。Lindermayer 在与 Prusinkiewicz 合著的书中，把 L-system 应用到植物和树的建模方面。利用简单的规则生成复杂的植物模型，在生成效率上具有优势，但是由于全局特性难以控制，得到满足条件的规则和参数较为烦琐，并且建立的模型局部和全局内存在着相似性，与树木真实形态存在着巨大差异。

（2）基于草图的建模方法

Okabe 等提出的建模方法主要是利用二维树木的草图信息推导出树木的三维结构信息[21]；Wither 等提出的建模方法主要是绘制树木的二维边缘轮廓，再根据轮廓生成三维几何树木的模型[22]。

（3）基于图像的建模方法

基于图像的建模方法指利用图像来建立树的三维模型。Shlyakter 提出的方法是首先利用图像得到树木的凸包，再利用 L-system 的生长机制建立树木模型；Reche-Martinez 等提出完全基于图像绘制的建模方法；Neubert 等提出的方法是在大量图像的基础上，采用粒子系统并且借助少量人工交互操作来建立树

木的三维模型。基于图像的方法从图像中提取信息来表示树，为获得逼真的视觉效果，需要对实际树木采集许多图像，而且需要覆盖一定的范围，在建立模型时，需要大量内存空间，不能直接进行几何编辑，无法显式地恢复枝干的三维几何信息，也不具备变形计算所需的几何信息[23]。

可以看出，利用现有算法建立的树木模型无法与自然界中树木真实形态相一致。本书以建立满足视频、建模与仿真等领域要求的高实时性、高相像度的树木模型为出发点，建立逼真度高，能够真实反映由于外界环境因素作用而产生姿态变化的树木模型。在考虑现有算法不足的基础上，采用逐步叠加的思想将树木模型分为树木静态模型和动态模型两个部分。树木静态模型是指不考虑外力情况下，树木的真实形态建模；动态模型是指在静态模型的基础上，将存在于自然界中的外力作用到静态模型上来，描绘出树木在受力情况下的运动轨迹，主要包括：拓展二维半算法、消隐算法、材料模型、气候模型和碰撞模型。依此算法建立的树木模型既可以提高视觉感受，又能够准确将树木在自然环境中受外力影响下的枝叶断裂、摆动等情况表现出来，并首次将动态特征量（包括断裂位置、断裂时间、摆动角度等参数）准确予以量化描述。

1.2 | 主要研究内容

主要以建立树木静态模型和动态模型为研究重点，围绕着单体模型、组合消隐、经典物理学中的动量定理，材料力学中的应力、杨氏模量的关系，碰撞等方面的内容进行深入研究。本书研究内容主要有以下几个方面：

（1）构建树木静态模型中所涉及的单体模型

原有的三维建模方法是把所有数据点的三维信息全部存储下来，结果就是数据量大，造型反应速度慢。L-system 是当今学术界比较有代表性的树木建模方法，基于树木本身自相似结构特点，利用规则重复写数据来描绘树木形态，与自然界中树木真实形态有着很大的差别。作为半结构化对象典型代表，树木各组成部分具有天然对象的特征，用人工方式无法形象描绘。本书将树木各部分无限分割成可以用函数描述的最小单体，利用拓展二维半算法建立单体模型。拓展二维半算法吸取了经典二维半方法精髓，在此基础上拓宽半维信息的数据种类能够包含除基准二维端面信息外的所有变量特征信息。设计数据库的存储方式，使每个单体模型存储在有限的 6 个变量空间内。这样构造出的模型，数据存储量小，响应迅速。

（2）利用改进消隐算法将单体模型组合建立树木静态模型

构建出单体模型后，需要将这些单体组合形成完整树木模型。本书采用主次级枝干粘贴、从主枝条依据植物生长规律生长出次级枝条这两种方法。需考虑两条枝干之间面与面相衔接位置处重合部分数据的处理。运用改进消隐算法解决单体与单体接触面、线段的消隐。首先确定两个接触单体间接触面的重合位置；其次解决重合位置处的特征量在数据表中的消隐；最后将两接触体组合成新的单体模型记录在数据表中，逐步搭建树木静态模型。

（3）确定对象断裂极限值

生长在自然界中的树木，其组成部分——树枝、叶片和果实所受到的外力或者对象本身的重力大于上级对象连接处对下级对象的拉力，下级对象就会发生断裂现象。本书研究的重要问题是确定断裂位置和断裂极限值。由于树木本身的形态特征类似于杆件，采用材料特性中的杨氏模量作为参考值，经过面积等参数的转换，计算出树木对象的断裂极限值。将外力与断裂极限值相比较，得到断裂信息。叶片和果实两部分主要取决于叶柄处的杨氏模量值，树枝则主要采用逐步分解无限趋近的方法计算出每个单体质点处的杨氏模量值，确定出断裂极限值后，与外力值相比较，从二者值最接近处开始断裂。

（4）建立风、雨场模型及树木所受外力模型

风、雨是自然界中最普遍的现象，树木受到风、雨作用产生动作。本书首先建立风模型计算风速。其次利用动量定理将风速、雨速与受力对象本身的体积、密度、受力角度等特性联系起来，得到准确的风、雨作用力。最后，将作用力与对象的断裂极限值相比较，确定对象的动作。

（5）确定对象断裂或摆动的运动轨迹

树木各组成部分在受到外力作用后，会产生断裂或摆动的动作。断裂后的运动轨迹、摆动幅度，以及在此过程中，是否会遇到其他对象，进而产生挤压效果，后者对象在受碰撞之后的挤压过程中是否产生断裂、摆动是需考虑的问题。利用经典物理学中的相关公式计算出对象的运动轨迹，再利用碰撞力学中的正碰、斜碰的概念，计算出碰撞力、撞后速度和摆动幅度等碰撞信息，解决上述问题。

1.3 | 本书组织结构

根据研究内容，本书共分为 8 章，具体内容安排如下：

第 1 章绪论。主要介绍了本书的研究背景、意义、主要研究内容和各章内容。

第 2 章介绍了树木建模整体算法。主要包括树木静态模型和动态模型中各组成部分以及模型的数据结构。

第 3 章介绍了基于拓展二维半算法的单体模型。主要包括：拓展二维半定义及其算法解析，基于拓展二维半算法的简单标准体、复杂标准体、简单变形体和复杂变形体的定义、模型以及数据结构。

第 4 章讨论了单体组合的消隐算法以及单体组合时所需的树木结构特征。主要包括：凸凹体相互转化、面消隐算法、线段消隐算法，实现了由消隐体到面进而到线段的转化；树木结构特征以及外界影响因素。

第 5 章研究了树木动态模型中的材料模型。主要包括：应力、弹性模量、树枝的杨氏模量和叶片的杨氏模量。

第 6 章研究了树木动态模型中的气候模型。主要包括：风场相关技术和雨场相关概念、风场模型和雨场模型。讨论了树木的主干、分枝、叶片和果实在风、雨的作用下是否会产生断裂。

第 7 章解决了树木动态模型中的运动学模型。主要包括：利用正碰、斜碰的算法描绘树木在受到外力作用后断裂的部分在继续运动的过程中是否遭遇其他对象以及与其他对象相互作用后的运动轨迹。

第 8 章总结全书，并指出进一步的研究工作。

第 2 章
树木建模算法

2.1 | 对象分类

山川、河流、植物、桥梁、建筑等这些对象，一部分对象是自然形成的，一部分对象是由人工建造或者人工参与修建的。据此可以将这些对象分为两大类：人工对象和天然对象。人工对象主要是指人类运用工具制造出来的实体，小到桌椅、机床、机械零件，大到建筑物，这些都是人工实体。天然对象既包含在自然界中自然存在的没有经过任何程度人工修饰的实体，例如野外的岩石、自然生长的树木等；也包括在天然对象的基础上进行人工修整的对象，如被修剪的植物、被改造的怪石，这些则是属于半天然对象。

对实体建立逼真模型，即对人工对象和天然对象两大类别的实体进行建模。从它们的特征定义中可以看出：由于人工对象是由人类构造出来的，那么相应地为人工实体构造模型是容易的；而天然对象是自然存在于环境中的，没有或存在少量人工修饰痕迹，其外在形态不规则变化，因此对其构造模型是十分困难的。

对于实体，考虑到人工是否参与建设修整的因素，可以将人工对象、天然对象分为结构化对象、非结构化对象和半结构化对象[24]。

2.1.1 结构化对象

结构化对象：人类运用工具，按照已有的数学模型制造出来的实体，即人工对象。

由于属于人工制造或加工处理得来，因此可以凭借严格的数学公式或函数

来构造模型，如图 2.1 和图 2.2 所示。

图 2.1　建筑

图 2.2　桥梁

2.1.2　非结构化对象

非结构化对象：包含完全天然对象和半天然对象。

完全天然对象是指在自然界中历经风、雨等外力作用，经过长时间的演变而形成的实体，此过程中不掺杂人工行为，所以当对其建造模型时没有数学理论可遵循。而半天然对象由于有了人工的参与改造建设，虽然在人工参与处或整体外观处显示出结构化对象的特征，但在其余部分仍显示天然对象的特征。非结构化对象与结构化对象最重要的不同点在于形体表面和线条结构变化无规则，很难建立严密、准确、高效、简洁的模型算法，如图 2.3 和图 2.4 所示。

图 2.3　山峰

图 2.4　假山

2.1.3　半结构化对象

半结构化对象：介于结构化对象与非结构化对象之间，但不是二者简单复合相加、平均取值，更不是半人工对象。自然界中的实体如果从微观角度观察，它们在局部区域上表现出明显的非结构化特征；当视角放大并且予以某种程度的简化时，此局部区域可认为是结构化对象；但是从整体外形或连片集合度量时体现出非结构化特征。

例如，刚建成的道路遭洪水冲刷形成局部塌陷：从整体看可视作结构型，而局部塌陷区却属非结构型，不过此时两者仅仅为简单复合相加，而不是半结构化对象。略微规整的农田和山野，由微观角度观察可以认为是非结构型；适当地进行近似则能看作结构型，严格说这只是同一问题的不同处理对策，依然不属于半结构化对象。

树木则是典型的半结构化对象：当视角放大利用宏观角度观察，可以用数学曲线勾画树木形态——结构化对象属性；微观角度观察，枝叶外观千姿百态——非结构化对象属性；从树木整体外形观察（视角不放大），表现出非结构化特性，如图 2.5，图 2.6 和图 2.7 所示。

图 2.5　宏观视角　　　　图 2.6　微观视角　　　　图 2.7　整体度量

由定义可以看出，为结构化对象建造模型是简单易行的，而非结构化或半结构化对象通常是天然实体并且无法用简单线条或标准函数描绘出形态。非结构化对象如果予以适当的忽略或者放大，可以近似地认为是半结构化对象。半结构化对象——树木，在自然界中普遍存在，易受外力作用，在人类生产、生活等领域应用广泛，所以本书以树木为研究对象，讨论高效便捷的树木建模方法。由于半结构化对象和非结构化对象之间存在联系，借鉴树木建模方法的思想精髓，可将得出的建模算法应用到其他半结构化对象、非结构化对象建模领域。

2.2 │ 算法设计

由于树木本身结构特征及其生长在自然环境中易受风、雨等因素作用，本书将树木模型分为静态模型和动态模型两部分。静态模型是指构建处于真空中、不受任何外力作用的树木模型，主要描绘出主干、分枝、叶片和果实的形态；动态模型是在树木静态模型的基础上，描绘出自然界风、雨等气候因素作用于树木分枝、叶片等各组成部分产生的由材料特性决定的摆动、断裂等状态，以及断裂对象在此之后运动过程中对接触到的其他对象产生的碰撞、挤压等运动学轨迹，包括材料模型、气候模型、运动学模型。树木建模方法整体算法设计如图 2.8 所示。

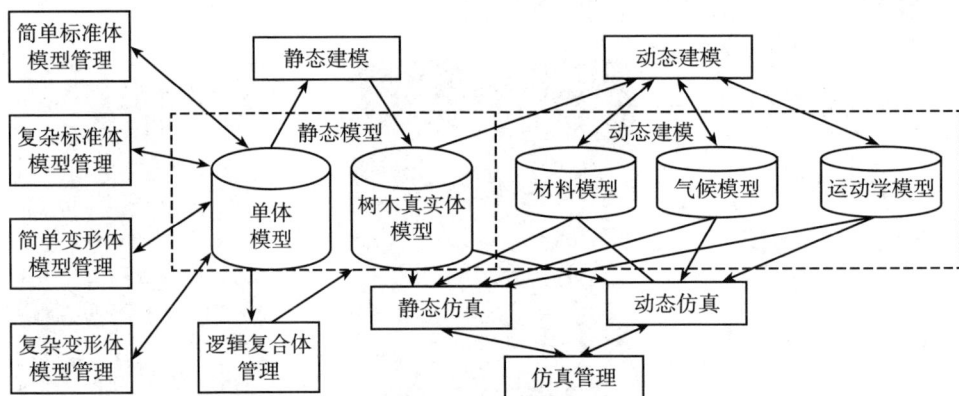

图 2.8 算法设计图

静态模型中包括单体模型和单体组合两部分内容。单体模型是指基于拓展二维半算法建立的模型，包括简单标准体、复杂标准体、简单变形体和复杂变形体。单体组合是指利用改进的消隐算法将单体模型予以组合，逐步形成不考虑外力作用的树木整体模型，即树木静态模型。

动态模型包括三方面内容：材料模型、气候模型和运动学模型。在材料模型中利用断裂极限值来确定树木对象断裂的受力程度和断裂位置等参数信息。气候模型中分别讨论风力、雨滴力垂直或斜向作用于树木对象情况，利用动量定理计算作用对象的冲力，并与断裂极限值相比较，确定受力对象的运动轨迹。运动学模型判断断裂对象在断裂后的运动过程中与其他对象发生正碰或斜碰，求解特征量，确定碰撞后断裂对象的运动轨迹、被碰撞对象是否断裂或摆动的情况，描绘出对象的运动轨迹。

树木建模系统各模型关系如图 2.9 所示。

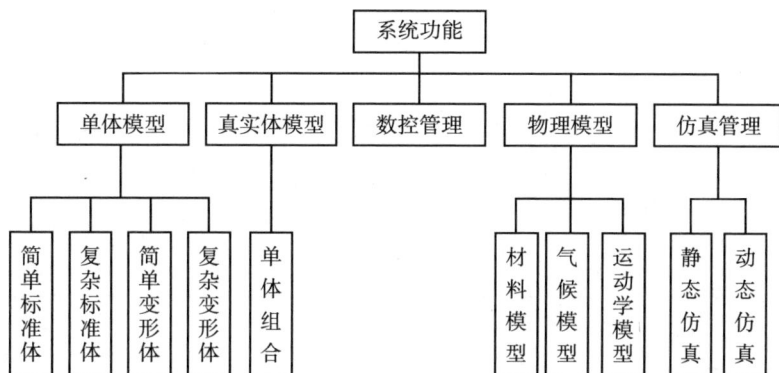

图 2.9 建模系统

2.3 数据结构设计

数据结构的设计过程，主要指建立模型时的数据存储结构。Obsam 表主要存储模型整体的信息，Test 表中的各项则用来存储模型具体信息——二维和半维信息。见表 2.1，表 2.2。

表 2.1 Obsam 表中字段说明

字段	字段名	类型	说明
1	Obsam	+	自动加
2	ID	Short	模型序号
3	Name	Alpha	模型名称
4	Scale	Number	比例
5	Kind	Short	模型的单体分类
6	Type	Short	单体分类中的具体类属

表 2.2　Test 表中字段说明

字段	字段名	类型	说明
1	Test	+	自动加
2	IDL	Short	线条的标号
3	X_1	Number	数据输入项
4	Y_1	Number	数据输入项
5	X_2	Number	数据输入项
6	Y_2	Number	数据输入项
7	X_3	Number	数据输入项
8	Y_3	Number	数据输入项

2.4 ｜ 本章小结

将树木建模分为静态建模和动态建模两个过程。静态建模是指利用相应的算法建立不受任何外力的树木形态。在建造好的静态模型基础上，考虑自然环境中的风、雨等客观真实存在且频繁发生的自然现象对树木的影响，称为动态建模。静态模型包括单体模型、组合模型。动态模型包括材料模型、气候模型、运动学模型。树木建模过程细分后，便于分项研究，逐步解决问题：单体模型；用于单体模型组合树木静态模型的改进消隐算法；树木的断裂极限值；树木在风、雨外力作用下是否产生断裂；树木对象断裂后在运动过程中与其他对象发生碰撞，因此产生新的运动轨迹、被碰撞对象的挤压、摆动幅度、断裂等现象，被碰撞断裂后的树枝与其他树枝之间的挤压运动。

第 3 章

基于拓展二维半算法的单体模型

3.1 | 引言

存在于自然界中的半结构化对象——树木，其主干、分枝、叶片和果实等部分天然生长，外形千姿百态。利用现有建模方法构建的树木模型逼真度较差，并且需要存储每点的三维信息，所需存储空间较大。本章借鉴了经典二维半算法中半维信息的思想，在其基础上丰富半维信息，使其包含线段长度、类别、点对应、端面偏移等信息，形成拓展二维半算法。此算法便于构建模型，描绘出树木各组成部分的单体模型。

本章主要解决以下几个问题：

（1）构建单体模型

利用拓展二维半算法，根据半维信息量的复杂程度，通过逐步放宽线段属性、上下端面间质心偏移量、两端面夹角和母线依从关系等约束条件，划分为简单标准体、复杂标准体、简单变形体和复杂变形体四种单体类型，并构建其模型。

（2）存储数据量

拓展二维半算法并不需要将模型中每个点的三维信息都存储下来，只需根据存储数据模型，利用两张数据表、六个自变量存储四类单体模型的二维端面和半维信息的信息量。

3.2 | 基于分形理论的相关建模技术

分形理论最初是由数学家曼德布罗（Benoit Mandelbrot）于 1975 年首先提出的，部分与整体以某种方式相似的形体称为分形（fractal）。分形图形具有自相似性或自仿射性、层次的多重性和不同层次规则的统一性。将其局部放大后会发现与原图是相似的，变化的只有图形的比例放大缩小，或旋转或平移等，即局部是整体的一个小复制品，从而建立了分形法建模的思想。分形几何的自相似性成为自然界的一个普遍现象，这种法则在植物界中尤为突出。因此，学术界一直将分形方法作为树木建模的主流方法[25]。

分形是简单空间上复杂点的集合 F，而 F 具有以下特殊的几何性质[26]：

① F 具有和尺度大小无关的精细结构，即使在任意小的单位下依然有复杂的细节；

② F 是不规则的，不能用传统的几何语言来描述；

③ F 具有自相似性，这种自相似性可以是近似的自相似或者是统计的自相似；

④ F 的分形维数严格大于它相应的拓扑维数；

⑤ F 由简单的方法定义，以变换的迭代方式产生。

分形几何学是研究无限复杂而又具有一定意义的自相似和结构的几何学。自相似原则和迭代生成原则是分形理论的重要原则。其中比较著名的则是基于分形的 IFS 系统和 L-system。由于树木具有很强的自相似结构，因此可以运用分形算法来进行表达[27]。

3.2.1 基于分形的 IFS

IFS 系统的基本思想是基于几何对象的整体和局部在仿射变换意义下所具有的自相似结构，若干个仿射变换组成了某个迭代函数系统 IFS，这种仿射变换包含平移、旋转、比例、反射等基本变换及其复合变换[28]。

采用 IFS 随机迭代算法的迭代函数系统基本原理如下：

设：带有概率的多 IFS 由压缩放射变换集 $X = \{X_i : w_{i1}, \cdots, w_{iN}, i = 1, 2, \cdots, M\}$ 和一个概率集 $P = \{P_i : p_{i1}, \cdots, p_{iN}, i = 1, 2, \cdots, M\}$ 构成[29]，它们以公式（3.1）

表示。

$$w_{ij}\begin{pmatrix} x \\ y \end{pmatrix} = \begin{pmatrix} a_{ij} & b_{ij} \\ c_{ij} & d_{ij} \end{pmatrix}\begin{pmatrix} x \\ y \end{pmatrix} + \begin{pmatrix} e_{ij} \\ f_{ij} \end{pmatrix}, \ j = 1, 2, \cdots, N; \ i = 1, 2, \cdots, M \tag{3.1}$$

其中，$\sum_{j=1}^{N} p_{ij} = 1$，且 $p_{ij} \geq 0$，$j = 1, 2, \cdots, N$；$i = 1, 2, \cdots, M$，对于任意的 i，w_{ij} 中的 $\max(j)$ 可以小于 N，即把 j 为 $\max(j)+1$ 至 N 的所有参数视为 0。选取任一点 $x_{i0} \in X$ $(i = 1, 2, \cdots, M)$ 为初始点，然后递归地随机选取下述集合中的一个点作为 $x_{in}(n = 1, 2, \cdots)$，于是有 $x_{in} \in \{w_{i1}(x_{i(n-1)}), w_{i2}(x_{i(n-1)}), \cdots, w_{iN}(x_{i(n-1)})\}$，最终得到序列 $\{x_{in}\} \subset X_i$，收敛于 IFS 的吸引集。

自相似——局部和整体相似，通过局部信息可以判断整体形态。按照同等比例放大、缩小、平移或旋转。

自仿射——剩余部分是通过将主体部分经过一些变换来完成的，该类变换属于对主体单元图形的不等比例变换或者扭曲。

仿射变换的数学表达式可以抽象为：

$$W: \begin{cases} x' = ax + by + e \\ y' = cx + dy + f \end{cases} \tag{3.2}$$

其中，W 表示仿射变换，x 和 y 指代变换前原始图像的坐标值，x' 和 y' 指代变换后新生成图像的坐标值，a、b、c、d、e、f 是仿射变换系数。

模拟树木的仿射变换通常具有三个几何特征[30]：

① 仿射变换与仿射变换的逆变换之间可以相互变换；

② 仿射变换是线性的，变换后的图像特征保持原样，图形中各元素的比例关系不发生变化；

③ 任何图形经过仿射变换处理后，其面积有可能发生变化，这种变化是有规律的，假定面积 S 为转化前面积，面积 S_1 为转化后面积，那么 S 与 S_1 之间的关系遵守 $S_1 = (ad - bc)S$[31]。

3.2.2 Lindermayer 系统

L-system 是由生物学家 Aristid Lindermayer 于 1968 年提出的，最初用于描述多细胞有机体生长的形式化体系细胞状态[32]。随后 Prusinkiewicz 等对 L-system 做了大量的研究工作，并对其功能进行了扩展，提出确定性 DOL-sys-

tem，利用乌龟行走算法进行树的建模[33-34]。

L-system 的本质是一个重写系统，通过对植物对象生长过程的经验式概括和抽象，状态初始化与描述规则，进行有限次数循环迭代，生成字符序列表示植物的拓扑结构，对产生的字符串进行几何化处理，可以得到复杂的分形图形。简单来讲，L-system 就是基于重写规则的替换。几何化处理可以归纳表示为：代数符号系统和几何系统两部分组成了 L-system。初始元ω、生成元 P、角度δ和压缩因子 s 共同组成代数符号系统。初始元ω称为公理，它是 L-system 替换规则之前的原始状态。生成元 P 则是一个有限生成规则集，其中的字符串必定包含了初始元中的字符。而实际的迭代过程则是用生成元 P 中的规则不断地替换初始元ω中的字符。角度δ和压缩因子 s 则控制着替换方式。由于产生的字符串仍然包含初始元字符，所以可以根据图形中的置换深度来控制特性，以满足图形构造的要求。几何系统则是代数符号系统的逆过程，它是将 L-system 中的每个符号赋予特殊的意义，由计算机将其描绘出来，用以实现分形图形的可视化[35]。

L-system 是一门形式语言，若要将系统与图形联系起来，则需要对 L-system 以图形进行简要说明，这里以乌龟行走算法来体现。算法思想是：将龟形状态定义为一个模型，这个模型是三元素集合 (x, y, α)，其中笛卡儿坐标 (x, y) 表示龟形的位置，方向角α表示龟形的方向、步长 d 和角增量δ，龟形对应于下列命令：

$F(d)$：向前移动一步，步长为 d，龟形状态变化为 (x_1, y_1, α)，其中 $x_1 = x + d\cos\alpha$，$y_1 = y + d\sin\alpha$，在点 (x, y) 和 (x_1, y_1) 间画出一条线段；

$+(\delta)$：向左转δ，龟形的下一状态为 $(x, y, \alpha + \delta)$，角的正向为逆时针方向；

$-(\delta)$：向右转δ，龟形的下一状态为 $(x, y, \alpha - \delta)$；

〔：将龟形的当前状态压入堆栈，存入堆栈的信息包括龟形的位置和方向，还有所画线段的颜色和宽度；

〕：从堆栈中弹出一个状态作为龟形的当前状态，尽管龟形的位置有所改变，但是不画线。

（1）单一规则 L-system

单一规则 L-system 就是只有一条生成规则，通过使用这条规则重复替换而生成分形图像[36-37]。对一些典型的分形结构只要用一个生成规则 P 就可以构造出来，图 3.1 表示系统生长示意图，图 3.2 表示系统迭代示意图。

ω: F

P: $F \rightarrow F[-F[F]-F]F[+F]F$

α: $45°$

$s = 1$

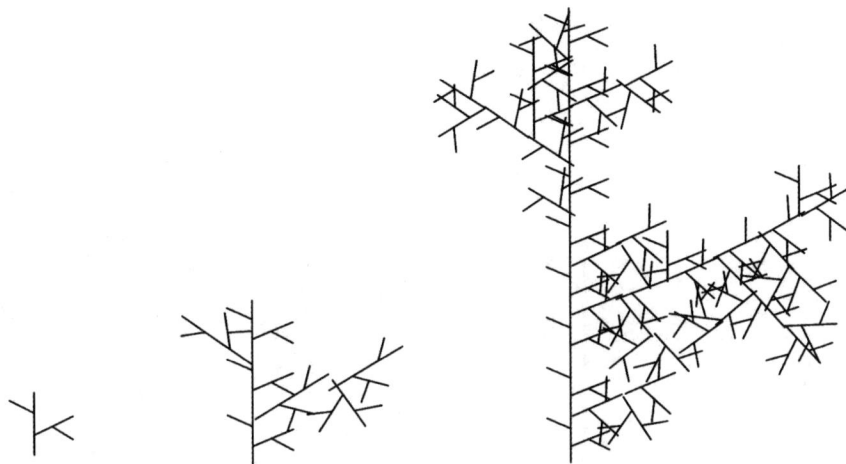

图 3.1　单一规则 L-system 生长示意图

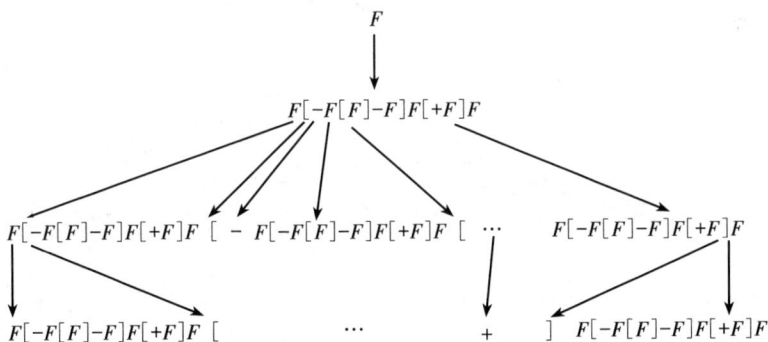

图 3.2　单一规则 L-system 迭代示意图

（2）多规则 L-system

由于单一替换规则字母唯一，产生的模型从根部就被替换，因此侧枝较多，显得杂乱无章，这样的方法适用于自然界中的灌木科类植物。考虑到当今比较常见的树木都是主干清晰，树冠繁茂，绘图时，就需根部不分叉，在树的中间部分开始分叉。为了描绘出此类植物形态，可以将单规则中的字母表增加

为两个甚至更多字母，规则也不唯一。如图 3.3 和图 3.4 所示，一种情况是文法中的字符只作为被替换的字符，不作为绘图字符；另一种情况是文法中的字符既作为被替换字符，也可作为绘图字符。将初始式设为 X，X 也是与 F 类似表示向上的步长，在用到时，等同于 F，不用时就是个空指令。规则式中，X 主要放置于方括号（［ ］）内，能够实现树枝的充分生长。

初始式：X

产生式：$F[+X][-X]F$

替换规则式：$X \rightarrow F[+X][-X]FX$

转角角度：$\delta = 45°$

压缩因子：$s = 1/2$

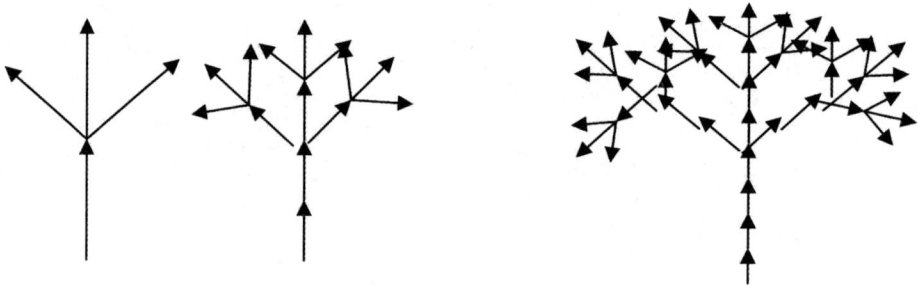

图 3.3 多规则 L-system 生长示意图

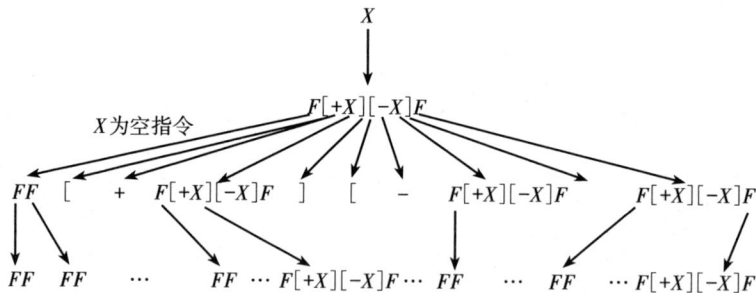

图 3.4 多规则 L-system 迭代示意图

（3）三维 L-system

由于基本 L-system 的产生式单一，构建出的二维模型比较呆板，无法表现自然界中树木的真实三维形态，所以将乌龟行走算法拓展到三维空间中。用向量 x，y，z 分别表示龟头在空间中朝向，这些向量有单位长度且相互垂直，满足 $x \times y = z$，则 $[x'\ y'\ z'] = [x\ y\ z]R$，设绕 X，Y，Z 轴旋转角度 ϕ，

$R = (R_X, R_Y, R_Z)$ 可由式（3.3）计算，其中 R_X，R_Y，R_Z 为矩阵。图 3.5 为三维 L-system 示意图。

$$R_X = \begin{bmatrix} 1 & 0 & 0 \\ 0 & \cos\phi & -\sin\phi \\ 0 & \sin\phi & \cos\phi \end{bmatrix}, \quad R_Y = \begin{bmatrix} \cos\phi & 0 & -\sin\phi \\ 0 & 1 & 0 \\ \sin\phi & 0 & \cos\phi \end{bmatrix}, \quad R_Z = \begin{bmatrix} \cos\phi & \sin\phi & 0 \\ -\sin\phi & \cos\phi & 0 \\ 0 & 0 & 1 \end{bmatrix}$$

（3.3）

+：绕 X 轴逆时针转 ϕ 角，用旋转矩阵 $R_X(\phi)$ 表示；

−：绕 X 轴顺时针转 ϕ 角，用旋转矩阵 $R_X(-\phi)$ 表示；

\：绕 Y 轴逆时针转 ϕ 角，用旋转矩阵 $R_Y(\phi)$ 表示；

/：绕 Y 轴顺时针转 ϕ 角，用旋转矩阵 $R_Y(-\phi)$ 表示；

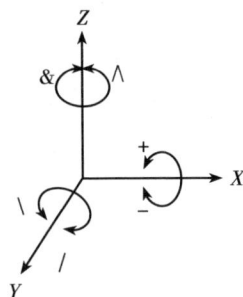

图 3.5　三维 L-system 示意图

&：绕 Z 轴逆时针转 ϕ 角，用旋转矩阵 $R_Z(\phi)$ 表示；

∧：绕 Z 轴顺时针转 ϕ 角，用旋转矩阵 $R_Z(-\phi)$ 表示。

三维 L-system 规则示例如下，参见图 3.6，迭代规则按式（3.4）。

|：绕 Z 旋转 180°；

%：绕 X 旋转 180°；

F：向前移动；

$F(x)$：向前移动 x；

[：压进当前状态；

]：弹出当前状态；

"(x)：长度乘以 x；

;(x)：角度乘以 x；

?(x)：厚度乘以 x。

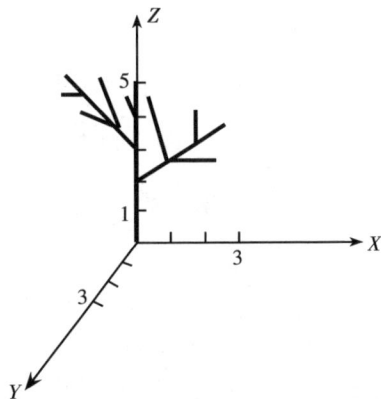

图 3.6　三维 L-system 生长示意图

$$F(2)[\wedge(75°)F[+(80°)F(2)][-F(1.4)]F[(+40°)F]F[(135°)F[\backslash(20°)F(1.5)]$$

$$[/(35°)F]F[/(45°)F(0.5)]F(0.5)]F[(120°)F(0.8)]F$$

（3.4）

在计算机上实现基于空间三维 L-system 的 3D 树木建模，用一截一截的圆柱体表示 L-system 中的前进一步 F，拼接起来模拟树枝干，再加上纹理光照，最后生成的三维效果具有一定真实感[38-41]。

3.2.3　其他代表性建模方法

其余 L-system 方法中比较著名的有随机 L-system、参数 L-system、上下文相关 L-system 等[42-47]。

Reeves 和 Blau 提出利用粒子系统来对树和草进行建模[18]。De Reffye 等提出严格利用植物本身的特征规律来构建树模型[19]。Weber 和 Penn 使用了几何规则来实现树的建模[20]。Okabe 等提出了基于草图的树木建模方法[21]。Wither 等提出了根据轮廓生成三维几何树的草图建模新方法[22]。Pafubieki 等提出了基于生物学自组织具有真实感的树和灌木丛的建模[47]。

3.3 ｜二维半技术

3.3.1　经典二维半算法分析

3.3.1.1　理论定义

二维半模型：在 XOY 平面上有 $M \times N$ 个网格 $\{(x, y), x = 1, 2, \cdots, M; y = 1, 2, \cdots, N\}$，将每一网格沿 Z 轴方向按一定规律（函数）运动所构成的表面 $Z_{xy} = F(x, y)$，即可称为二维半模型。

在应用时，可将网格点的模型看作连续表面 $Z = F(x, y)$ 的离散化处理[48]。描绘二维半模型表面包络的关键是确定每个点的运动变化规则，即确定拉伸规则函数。规则函数可以是常量，也可以是包含变量、常量的表达式，或者是常量与变量的若干次复合表达式。二维平面网格在 Z 轴方向上依据设定的规则函数进行运动，从而形成表面形态不同的单体，如图 3.7 所示。

从定义中可以看出：在传统的二维半建模算法中，可以看出半维信息指的仅仅是高度信

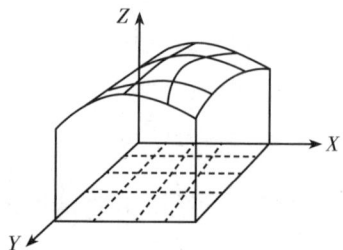

图 3.7　二维半模型示意图

息，它可以是一个具体的数值或者是某个函数或者是若干种函数的复合，这些规则就成为物体表面各点在 Z 轴方向上的拉伸规则。当然这个拉伸规则可以分为几种情况。下面就以底面为 $M \times N$ 个网格，半维信息分为三种情况为例来予以说明。

3.3.1.2 算法解析

（1）半维信息为常数

半维信息是常量形式，即拉伸规则函数（高度信息）形式是常量。当然这个函数可以是一个常量或者是若干个常量的组合。例如：当运动规律或者函数 $f(z)$ 的结果为常数 a 时，即 $\{0 \leq x \leq t, 0 \leq y \leq u | f(z) = a\}$，那么物体表面上的各点依据运动规律（函数）所得到的模型如图 3.8（a）所示；而当运动规律（函数）是一个数值或者是若干个数值的组合时，即 $\{0 \leq x \leq t, 0 \leq y \leq u | f(z) = b\}$ 和 $\{t < x \leq s, 0 \leq y \leq u | f(z) = a\}$，获得图 3.8（b）所示效果。

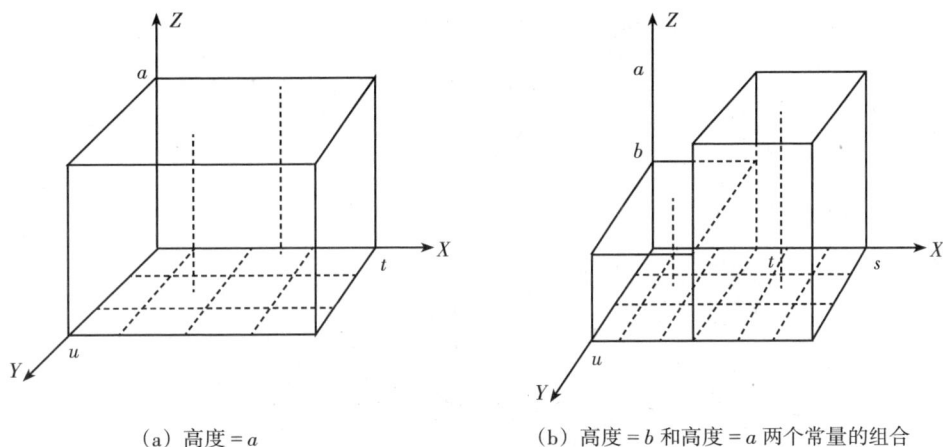

（a）高度 $=a$　　（b）高度 $=b$ 和高度 $=a$ 两个常量的组合

图 3.8　高度信息为常数

（2）半维信息为变量

半维信息包含变量的形式，即拉伸规则函数（高度信息）形式是包含变量的数学曲线，那么就可以构造出比较复杂的单体模型。高度变化规则可以是一个也可以是多个数学函数的复合。例如，曲线 $\{-t \leq x \leq t, 0 \leq y \leq u | f(z) = x^2\}$ 产生图 3.9（a）所示效果；曲线 $\{-t \leq x \leq t, 0 \leq y \leq u | f(z) = x^2\}$ 和 $\{t < x \leq s, 0 \leq y \leq u | f(z) = (x-b)^2\}$ 产生图 3.9（b）所示效果。

（a）高度 = x^2 （b）高度 = x^2 和高度 = $(x-b)^2$ 两个函数的组合

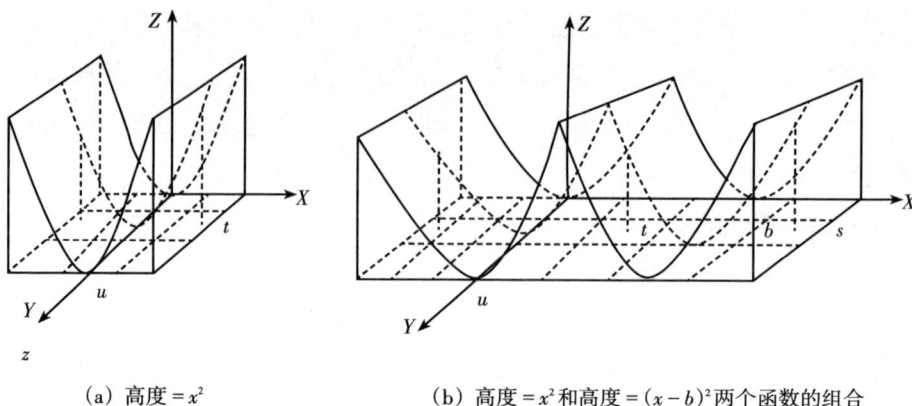

图 3.9　高度信息为函数

（3）半维信息为常量与变量的复合

半维信息是常量与变量的复合，即在一个模型中，变化规则是常数和变量的综合体。高度变化规则可以在常数和函数形式之间根据实际情况需要进行组合变换，例如：某图形的变化规则为 $\{0 \leq x \leq t,\ 0 \leq y \leq u\,|\,f(z)=x^2\}$，$\{t < x \leq s,\ 0 \leq y \leq u\,|\,f(z)=a\}$ 两个函数的复合，那么由此便可得到图 3.10 所示效果。

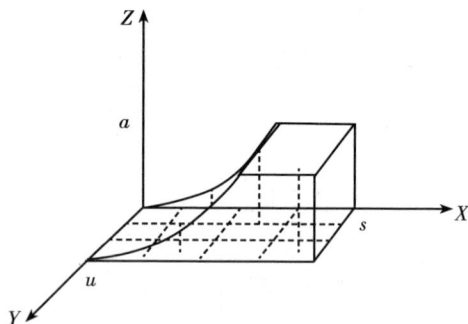

图 3.10　高度变化规则复合

这种传统的二维半建模方法主要适用于高度值唯一或者高度变化曲线可以用数学公式描绘出来的单体模型，比如在实际应用中的字画雕刻。但是在高度值非固定的情况下，需要描述的点非常多，实践起来很困难。这也证明了研究拓展二维半建模方法的必要性。

3.3.2　建立拓展二维半算法

3.3.2.1　理论定义

拓展二维半算法：设物体由 XOY 平面上的 M 个网格面片 F 组成，而每个网格面片又包含 N 条边线 L，每条边线含有两个端点 D，外加一个类属特性 P。那么，在扫描规则 G 约束下，网格面片经过运动所产生的包络就叫作二维半模型 S。

在这里，除 S 外各要素可以是数组、向量、矩阵或函数。所谓二维半就是在二维网格面片基础上，外加半维扫描规则所构成的统一体。与传统二维半算法不同的是拓展二维半算法中的半维扫描信息即扫描规则 G 包含了两端面基准信息外的所有属性信息，它可以是很多种类的变量：线段长度、端面距离、质心偏移、端面夹角与端面扫描母线依从关系等[49]。

3.3.2.2　算法解析

在传统的二维半建模方法当中，半维信息仅指模型的高度，而这个高度信息在一定的区域范围内要么不变，要么只是参照某个边线或顶点有规律地变化。而在拓展二维半建模方法中的半维信息并不单纯地指高度，而是除有限的基准二维端面信息之外的其他参数均可作为半维信息。这个半维信息数目是不完全固定的，它既可以是一个，也可以由若干个参数集合而成，参数的数量随着描述对象的复杂程度而改变。例如，当描述一个标准体时，如柱体、台体和锥体等，二维端面为标准形状时，半维信息仅为两个端面之间的距离，即标准体的高度信息；而当二维端面发生形状或角度偏移变化时，半维信息中要包含端面边界走向、端面间距离，以及上下端面间的倾角和质心偏移。端面属于二维形状，端面距离、质心偏移、端面夹角与端面扫描母线依从关系等归并为半维描述，它们两者结合在一起就组成了完整的二维半描述。利用这些数据可以正确、严格、细腻地构造出被描述对象的各种特征、特性及结构形状，如图 3.11 所示。

由图 3.11 可以看出：形体的上下端面之间并不平行，上下端面二维图像的形状、边数、边线形态对应性也可互不相同，且二维图像本身也由线段和圆弧按

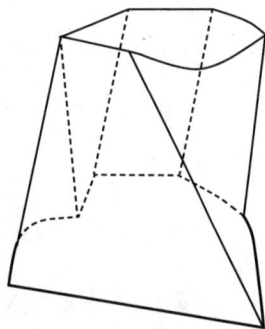

图 3.11　单体示例

需求彼此组合而成。

在传统二维半算法中，描述此单体的方法：确定 XOY 面上的二维网格，如图 3.12（a）所示。描述出每个点的 Z 轴拉伸规则，形成表面形态不同的单体，如图 3.12（b）所示。

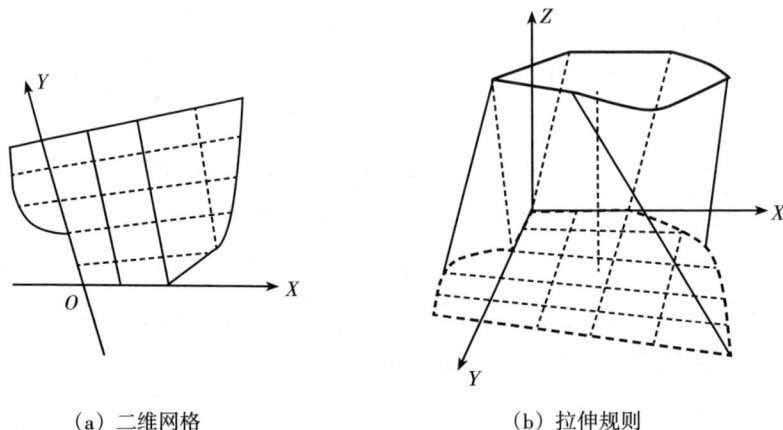

(a) 二维网格　　　　　　　　(b) 拉伸规则

图 3.12　传统二维半算法建模

运用拓展二维半算法构建此模型时，只需描绘出二维信息和半维信息：上端面线条类别属性的变化，即由直线过渡到圆弧；高度信息；母线扫描轨迹；上下端面之间的夹角；上下端面之间的顶点对应关系的非唯一性。顶点对应的唯一性是图形学中所严格规定的，但是在单体描绘时是不够的，需要拓展到顶点对应的非唯一性。

3.4 | 建立基于拓展二维半的单体模型及存储结构

按照单体自身特点及其复杂性，依据拓展二维半算法中的重要组成部分——半维信息的含义，将所有单体总结归纳为四个种类。按照半维信息变化由浅至深、变量由少到多的过程来划分出简单标准体、复杂标准体、简单变形体和复杂变形体。

3.4.1　简单标准体建模

3.4.1.1　理论定义

简单标准体：上下两个端面相互平行且形心之间的连线和上下端面之间垂

直，二维端面形状相同，同时为圆形或者正多边形，并且都能够运用几何学公式严格描绘出来的单体。它是各种严格按照几何学定义得到的真实体模型。按照端面形状，简单标准体可以分为圆柱体、圆台体、圆锥体、圆球体、圆环体、棱柱体、棱台体、棱锥体、棱球体、棱环体。在四类实体描述当中，简单标准体属于最简单、最易实现的基础性单体对象。

（1）半维信息

半维信息仅指端面之间的距离。

（2）端面信息

① 当端面为圆形时，端面形状区别仅在于圆形半径的差异，可以利用给定圆的半径 R 进行二维描述。

② 当端面为正多边形时，不但它们的边长有别，并且组成多边形的边数也是一个变量。利用正多边形各边所对外接圆的圆心角皆相等这一定理，即正多边形中心角都相等来描绘端面。具体在实现过程中，规定二维正多边形的起始点在系统界面中的 X 轴方向上，且正多边形包含原点 $(0,0)$。利用三角形正、余弦定理即可获得各顶点坐标。见图 3.13。

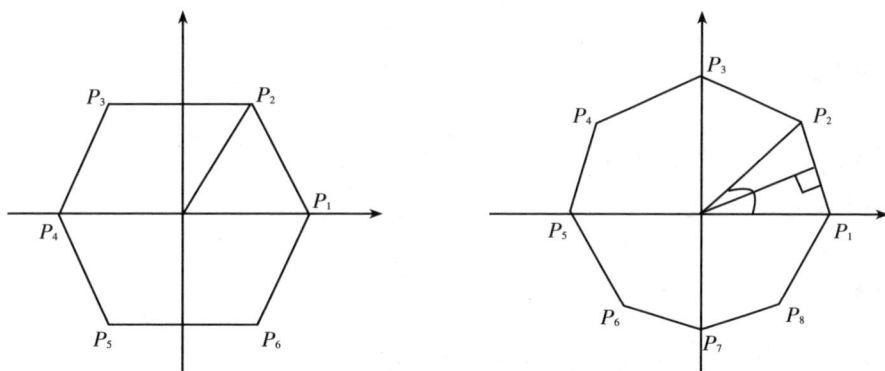

图 3.13　二维端面示例

已知两个顶点之间圆心角 α，边长 L，顶点个数 n，可通过计算出正多边形外接圆的半径 $R = \dfrac{l}{2}\sin\dfrac{\alpha}{2}$，得到正多边形各顶点坐标 $P_{ix} = R\cos(i\alpha)$，$P_{iy} = R\sin(i\alpha)$（$i = 1,\ 2,\ \cdots,\ n$）。

简单标准体的示例如图 3.14 所示。

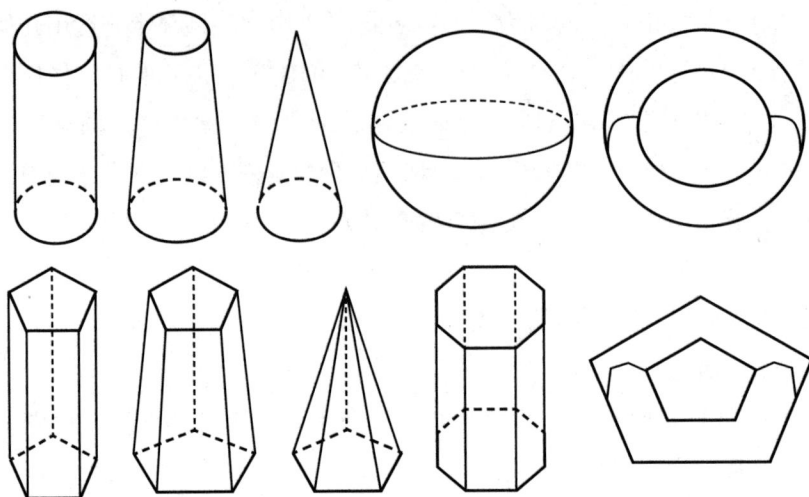

图 3.14 简单标准体示例

3.4.1.2 存储结构设计

数据存储时，以数据表中的记录形式存储。单体类型是以端面的图形来命名的，见表 3.1。

表 3.1 简单标准体数据表

单体类型	Kind	Type	X_1	Y_1	X_2	Y_2	X_3	Y_3
圆柱体	1	11	高	半径				
圆台体	1	12	高	注1	注2			
圆锥体	1	13	高	半径				
圆环体	1	14	内半径	外半径				
圆球体	1	15	半径					
棱柱体	1	21	高	边长	边数			
棱台体	1	22	高	注3	边数	注4		
棱锥体	1	23	高	边长	边数			
棱环体	1	24	边数	内半径	注5			
棱球体	1	25	边长	边数				

注1：上端面半径；注2：下端面半径；注3：上端面边长；注4：下端面边长；注5：多边形边长。其中，系统规定 X_1 为 1 字节、Y_1 为 1 字节、X_2 为 2 字节、Y_2 为 16 字节、X_3 为 1 字节、Y_3 为 1 字节。

3.4.2　复杂标准体建模

3.4.2.1　理论定义

复杂标准体：上下端面平行，端面间形心连线垂直于上下两端面，解除二维端面边界线条类属、长度、数目、顶点对应唯一性和顶点聚合限制的单体。

（1）半维信息

半维信息指的是端面的线条类属、长度、数目等变化信息以及端面之间的距离、顶点对应非唯一性和顶点聚合限制。

（2）端面信息

由于解除了二维端面边线构成约束，将二维平面的圆形或者正多边形变化为随意形状，改变传统二维半思想中的二维部分。究其本质，可以改变的无非是线段、顶点两个方面：

① 在线段方面，一是可以改变线段的长度；二是能够变换线段属性，即由线段改变成圆弧或由圆弧变为线段；三是改变线段数目，当然既可以增加也可以删减，只需保证端面是封闭图形即可。

② 在顶点方面，由于顶点同线段密切相关联，因此随线段增删方式而变化。伴随着顶点数目的改变，原本在上下端面之间的顶点对应唯一性也会被打破，这时可能出现一端面的多个顶点同时对应于另一端面的某个顶点。这与计算机图形学中的定义相违背[50]，但论及自然界中的实体情况，顶点对应非唯一性和多顶点聚合的情况是很普遍的。所以本书突破了计算机图形学中的限制。

当然，保证上下端面平行是容易实现的，但是在多边形形状改变的前提下，上下端面之间的形心连线不再对正。若仍需保证形心连线垂直于上下端面，则首先应计算出已改变形状的多边形的形心；其次，以底端面形心所在位置为基准，移动上端面，保证上下端面形心之间的连线和上下端面保持垂直关系。为满足这两项条件，须借助于平面几何和立体几何中的基本理论。

两平面互相垂直判定条件：如果一个平面经过另一个平面的一条垂线，那么这两个平面互相垂直。

形心的计算方法见公式（3.5）。

$$X_m = \frac{\sum S_i X_i}{\sum S_i} \tag{3.5}$$

其中，X_m 表示坐标轴上 X 向的取值，S_i 代表第 i 个区块的面积。

如果图形为任意多边形，可将其划分为若干个三角形，依次求出它们的形心，经公式（3.5）综合即可得到整个图形的形心[51]。

以简单标准体中的五棱柱为例，分别说明上述几个参数项变化所引起的形体变化，如图 3.15 所示。

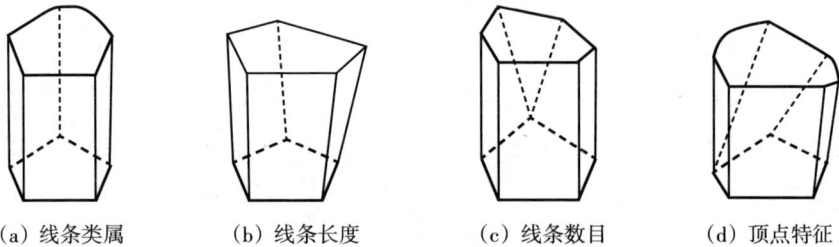

(a) 线条类属　　　　(b) 线条长度　　　　(c) 线条数目　　　　(d) 顶点特征

图 3.15　复杂标准体示例

图 3.15（a）示出，简单标准体中的棱柱体二维端面线段属性发生改变：上端面正五边形第一条边由线段变化为圆弧。发生变化后，上端面形心位置改变，需重新计算以保证上下端面形心连线垂直两端面。

图 3.15（b）示出，简单标准体中的棱柱体二维端面线段长度发生改变：上端面正五边形第一条边增加长度。发生变化后，上端面形心位置改变，需重新计算以保证上下端面形心连线垂直两端面。

图 3.15（c）示出，简单标准体中的棱柱体二维端面线段数目发生改变、顶点发生聚合：上端面正五边形第二条边减小长度；在原有第一、二边中间新增加一条线段，由此上端面增加一个顶点且上端面两个顶点对应下端面一个顶点。发生变化后，上端面形心位置改变，需重新计算以保证上下端面形心连线垂直两端面。

图 3.15（d）示出，简单标准体中的棱柱体二维端面线段长度、属性发生改变，顶点发生聚合：上端面正五边形第一条边减小长度；在原有第一、二条边中间新增加一条圆弧；原有的第三条边由线段变化为圆弧；同时上端面新增加一条圆弧，即新增一个顶点且上端面两个顶点对应下端面一个顶点；下端面第三条边增加长度。发生变化后，上下端面形心位置改变，需重新计算以保证

上下端面形心连线垂直两端面。

3.4.2.2 存储结构设计

数据存储时，以数据表中的记录形式存储。单体类型是以简单标准体演化的图形来命名的。复杂标准体是在简单标准体的基础上将二维端面进行拓展。将简单标准体的二维端面分为圆形和多边形两类：将圆形进行拓展的情况分为半径变化或者圆形变化为椭圆形；多边形的拓展分为顶点和边两类。顶点包括增加和删除。边的变化包括边长变化和种类变化，即线段变化为圆弧。

如表 3.2 所示，规定 X_1 为 1 字节、Y_1 为 1 字节、X_2 为 2 字节、Y_2 为 16 字节、X_3 为 1 字节、Y_3 为 1 字节。当二维端面为多边形时，设定第一个顶点在 X 轴正向上，并且点的顺序为逆时针方向。① 由于复杂标准体是在简单标准体的基础上变化而来的，所以规定二维端面中的圆形变化为椭圆形。② 当二维端面为多边形时并且仅为线段长短、顶点聚合的变化时，是在简单标准体中的二维多边形端面基础上进行变化。③ 复杂标准体中的二维端面形状可以由圆弧或者线段共同组成，是由简单标准体中的二维多边形端面中的边线从线段变化为圆弧来实现。

表 3.2　复杂标准体数据表

单体类型	Kind	Type	X_1	Y_1	X_2	Y_2	X_3	Y_3
圆柱体	2	11	注1	长轴	短轴			
圆台体	2	12	注1	长轴	短轴	注5		
圆锥体	2	13	注1	长轴	短轴			
圆环体	2	14	注1	长轴	短轴			
圆球体	2	15	注1	长轴	短轴			
棱柱体	2	21	注2	边长	注3	注4		
棱台体	2	22	注2	注6	注3	注4		
棱锥体	2	23	注2	边长	注3	注4		
棱环体	2	24	注2	边长	注3	注4		
棱球体	2	25	注2	边长	注3	注4		

注 1：字节中的低四位为圆形端面的半径；字节中的高四位则为端面之间的距离，即高度。

注 2：字节中的低四位为多边形端面的顶点个数，即多边形边数，此种情况下可表示顶点数目为 8，当然也可以通过拓展字节来增加顶点个数；字节中的高四位则为端面之间的距离，即高度。

注 3：变化点的起始位置——2 个字节共 16 位。最高位置 1 表示增加顶点，其余位置 1 则表示该顶点后的线段发生变化。可以同时若干位置 1 表示若干点都有变化，但是首位置 1 的情况下，如果改

变点的情况不都为增加顶点，则要分批次操作。删除顶点时，则将删除点的前一点位置设为1，线段变化字节设为0即可。

注4：顶点具体变化数据：共16个字节。每个顶点变化情况占2个字节，一个字节表示线段变化长度；一个字节表示增加顶点的圆心角度数。如果圆心角度数为0，那么线段变化字节的数值为顶点之间线段变化的长度；如果圆心角有度数，那么线段变化字节的数值则为原点到顶点的长度。设定线段变化字节8位全部为1则表示线段变成圆弧。多边形圆心角最大为120°，8位圆心角可表示255°，足以表示。

注5：上端面圆形半径。

注6：字节中的低四位为上端面多边形的边长；字节中的高四位则为下端面多边形的边长。

3.4.3　简单变形体建模

3.4.3.1　理论定义

简单变形体：针对由严格几何定义得来的简单标准体，放宽端面边界线条类属、长度、数目、顶点对应非唯一性和顶点聚合限制，进而再解除端面平行和形心对正这两项约束，但是保持端面间形心扫描轨迹仍然为直线的规定，这样得到的单体即为简单变形体。

相对于复杂标准体而言，简单变形体是解除了复杂标准体中的端面平行和形心连线垂直两端面这两个约束条件，只需要保证上下两端面形心扫描轨迹为直线。在实际效果展示图中，以底平面为参照基准，上平面以两平面间的形心连线沿着任意角度运动而确定。

这里的端面不平行是指：上下两个端面不再维持相互平行关系，可以依据坐标轴 X、Y 或两者合成方向进行偏转。

形心不对正是指：既然上下两端面不再维系相互平行关系，它们的形心连线也不必垂直于上下两端面，只需保证扫描轨迹仍为直线即可。

（1）半维信息

半维信息指的是线条类属、长度、数目、端面之间的距离、顶点对应非唯一性和顶点聚合限制、上下端面翻转或偏移角度。

（2）端面信息

简单变形体的端面信息是在复杂标准体端面信息基础上增加了两个端面翻转偏移的信息。

仍以简单标准体中的五棱柱为例，当将其变化成简单变形体时，棱柱体上端面沿 X 轴发生顺时针翻转，如图 3.16 所示。

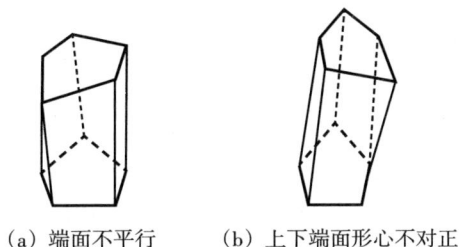

（a）端面不平行　　（b）上下端面形心不对正

图 3.16　简单变形体示例

3.4.3.2　存储结构设计

当二维端面为多边形时，设定第一个顶点在 X 轴正向上，并且点的顺序为逆时针方向。由于简单变形体是在复杂标准体的基础上对二维端面进行 X 向或者 Y 向的偏移，所以表 3.3 是在表 3.2 的基础上增加注 7～10。规定 X_1 为 1 字节、Y_1 为 1 字节、X_2 为 2 字节、Y_2 为 16 字节、X_3 为 1 字节、Y_3 为 1 字节。

表 3.3　简单变形体数据表

单体类型	Kind	Type	X_1	Y_1	X_2	Y_2	X_3	Y_3
圆柱体	3	11	注1	长轴	短轴		注7	注8
圆台体	3	12	注1	长轴	短轴	注5	注7	注8
圆锥体	3	13	注1	长轴	短轴		注7	注8
圆环体	3	14	注1	长轴	短轴		注7	注8
圆球体	3	15	注1	长轴	短轴		注7	注8
棱柱体	3	21	注2	边长	注3	注4	注9	注10
棱台体	3	22	注2	注6	注3	注4	注9	注10
棱锥体	3	23	注2	边长	注3	注4	注9	注10
棱环体	3	24	注2	边长	注3	注4	注9	注10
棱球体	3	25	注2	边长	注3	注4	注9	注10

注 1 至注 6：同表 3.2。

注 7：X 向偏移，首位置 1 则表示顺时针偏移，最大可表示 255°，一般 180°为极限。

注 8：Y 向偏移，首位置 1 则表示顺时针偏移，最大可表示 255°，一般 180°为极限。

注 9：X 向偏移，首位置 1 则表示顺时针偏移，最大可表示 255°，一般 180°为极限，以在 X 轴上的第一个顶点为准。

注 10：Y 向偏移，首位置 1 则表示顺时针偏移，最大可表示 255°，一般 180°为极限，以在 X 轴上的第一个顶点为准。

3.4.4 复杂变形体建模

3.4.4.1 理论定义

复杂变形体：相对于简单变形体，复杂变形体则是将简单变形体中的唯一约束条件——上下端面间形心扫描轨迹必须为直线——也予以解除，即端面之间扫描轨迹可以是由数学方式给出的任意曲线，也可以是由若干曲线复合而成。这样一来，复杂变形体基本上可以描述出任意单体形状。

复杂标准体和简单变形体只是针对两个端面进行变化，是二维的变化。而复杂变形体中针对的是母线的变化，在复杂变形体中端面变化可以借由复杂标准体和简单变形体来表达。

（1）半维信息

半维信息指的是线条类属、长度、数目、端面之间的距离、顶点对应非唯一性和顶点聚合限制、上下端面翻转、偏移角度、端面间形心扫描轨迹可为任意曲线。

（2）端面信息

复杂变形体的端面信息同以上单体模型的端面信息。

以端面是圆形为例，当施加不同变换方式时即可得到如图 3.17 所示的各种情况。

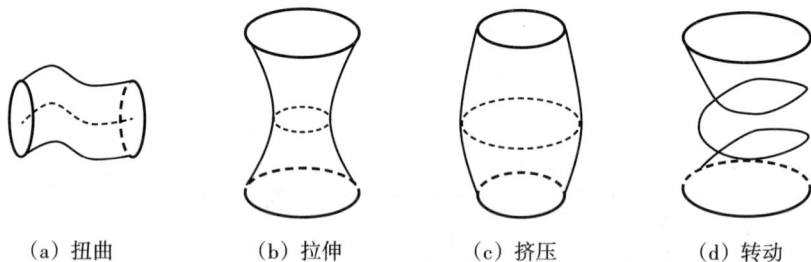

|（a）扭曲|（b）拉伸|（c）挤压|（d）转动|

图 3.17 复杂变形体图形举例

图 3.17（a）示出：复杂变形体的端面之间扫描轨迹为正弦函数。

图 3.17（b）示出：复杂变形体的端面之间扫描轨迹为两条双曲线。

图 3.17（c）示出：复杂变形体的端面之间扫描轨迹为两条抛物线。

图 3.17（d）示出：复杂变形体的端面之间扫描轨迹为螺旋线。

3.4.4.2　存储结构设计

Kind（值为 4~13）和 Type（值为 31~44）字段组合可以表示各种任意类型分类。函数中出现的参数都可以是正数或小数，小数部分具体表示方法可以参照计算机基础中的假设分类法。 X_1 字节可以表示各类函数在 X 轴的偏移量，例如：幂函数 $y = x^a$ 加入 X_1 字节后可以表示为 $y = (x + b)^a$。假设定义域 x 为连续取值。复杂变形体单体建模后没有考虑 X 、 Y 向偏移。复杂变形体数据表见表 3.4。

表 3.4　复杂变形体数据表

函数曲线	X_1		Y_1		X_2	Y_2	X_3	Y_3
	高四位		低四位		高八位	高八位		
					低八位	低八位		
	高二位	低二位	高二位	低二位				
$y = x^a$	注1		注2		注3	注4	注5	注6
$y = \lg a^x$	注1				注3	注4	注5	注6
$y = a^x$	注1		注2		注3	注4	注5	
$y = kx$	注1		注2		注7			注6
$y = kx^{-1}$	注1		注2		注7			注6
三角函数	注1		注8			注4		注6
反三角函数	注1		注9			注4		注6
抛物线	注1		注10		注11	注12		注6
双曲线	注1		注13		注4	注3	注14	注6
圆	注1		注15		注4	注3	注14	注6
椭圆	注1		注16		注4	注3	注14	注6
$y = kx + b$	注1		注2		注7	注4	注14	
$y = ax^2 + bx + c$	注1		注2		注3	注4	注14	注17
$y = ax^3 + bx^2 + cx + d$	注1		注18		注3	注4	注14	注17

　　注 1： X_1 字节表示函数在 X 轴的偏移量，值为常数：有正负、整数浮点数之分。首位置 1 表示取值为负数。整数浮点数的表示方法按照计算机机内表示方法。

　　注 2：高四位为空。低四位表示 X 取值的正负：其中低二位表示起点 X 取值正负，01 表示 X 取正值，10 表示 X 取负值；高二位表示终点 X 取值正负，01 表示 X 取正值，10 表示 X 取负值。

　　注 3： X_2 字节表示 a 的取值。值为常数：有正负、整数浮点数之分。首位置 1 表示取值为负数。整数浮点数的表示方法按照计算机机内表示方法。

注 4：Y_2 字节表示 X 的数值。低八位为 X 的起点值，高八位为 X 的终点值。整数浮点数的表示方法按照计算机机内表示方法。

注 5：X_3 字节表示自变量的倍数。首位置 1 表示取值为负数。整数浮点数的表示方法按照计算机机内表示方法。

注 6：Y_3 字节表示函数在 Y 轴的偏移量，值为常数：有正负、整数浮点数之分。首位置 1 表示取值为负数。整数浮点数的表示方法按照计算机机内表示方法。

注 7：X_2 字节表示 k 的取值。值为常数：有正负、整数浮点数之分。首位置 1 表示取值为负数。整数浮点数的表示方法按照计算机机内表示方法。

注 8：高四位为空。低四位表示三角函数的类别：0001 表示正弦；0010 表示余弦；0011 表示正切；0100 表示余切；0101 表示正割；0110 表示余割。

注 9：高四位表示反三角函数的类别：0001 表示反正弦；0010 表示反余弦；0011 表示反正切；0100 表示反余切；0101 表示反正割；0110 表示反余割。低四位表示 X 取值的正负：其中低二位表示起点 X 取值正负，01 表示 X 取正值，10 表示 X 取负值；高二位表示终点 X 取值正负，01 表示 X 取正值，10 表示 X 取负值。

注 10：高四位表示抛物线的类别：0001 表示右开口抛物线 $y^2 = 2px$；0010 表示左开口抛物线 $y^2 = -2px$；0011 表示上开口抛物线 $x^2 = 2py$；0100 表示下开口抛物线 $x^2 = -2py$。低四位表示自变量取值的正负：其中低二位表示起点 X（或 Y）取值正负，01 表示 X（或 Y）取正值，10 表示 X（或 Y）取负值；高二位表示终点 X（或 Y）取值正负，01 表示 X（或 Y）取正值，10 表示 X（或 Y）取负值。

注 11：X_2 字节表示 p 的取值。值为常数：有正负、整数浮点数之分。首位置 1 表示取值为负数。整数浮点数的表示方法按照计算机机内表示方法。

注 12：Y_2 字节表示 X（或 Y）的数值。低八位为 X（或 Y）的起点值，高八位为 X（或 Y）的终点值。整数浮点数的表示方法按照计算机机内表示方法。

注 13：高四位表示双曲线的类别：0001 表示焦点在 X 轴，$\dfrac{x^2}{a^2} - \dfrac{y^2}{b^2} = 1$；0010 表示焦点在 Y 轴，$\dfrac{y^2}{a^2} - \dfrac{x^2}{b^2} = 1$。低四位表示 X 取值的正负：其中低二位表示起点 X 取值正负，01 表示 X 取正值，10 表示 X 取负值；高二位表示终点 X 取值正负，01 表示 X 取正值，10 表示 X 取负值。

注 14：X_3 字节表示 b 的取值。值为常数：有正负、整数浮点数之分。首位置 1 表示取值为负数。整数浮点数的表示方法按照计算机机内表示方法。

注 15：高四位表示半径的取值。低四位表示 X 取值的正负：其中低二位表示起点 X 取值正负，01 表示 X 取正值，10 表示 X 取负值；高二位表示终点 X 取值正负，01 表示 X 取正值，10 表示 X 取负值。

注 16：高四位表示椭圆的类别：0001 表示焦点在 X 轴，$\dfrac{x^2}{a^2} + \dfrac{y^2}{b^2} = 1$；0010 表示焦点在 Y 轴，$\dfrac{y^2}{a^2} + \dfrac{x^2}{b^2} = 1$。低四位表示 X 取值的正负：其中低二位表示起点 X 取值正负，01 表示 X 取正值，10 表示 X 取负值；高二位表示终点 X 取值正负，01 表示 X 取正值，10 表示 X 取负值。

注 17：Y_3 字节表示 c 的取值。值为常数：有正负、整数浮点数之分。首位置 1 表示取值为负数。整数浮点数的表示方法按照计算机机内表示方法。

注 18：高四位表示 d 的取值，值为常数：有正负、整数浮点数之分。首位置 1 表示取值为负数。整数浮点数的表示方法按照计算机机内表示方法。低四位表示 X 取值的正负：其中低二位表示起点 X 取值正负，01 表示 X 取正值，10 表示 X 取负值；高二位表示终点 X 取值正负，01 表示 X 取正值，10 表示 X 取负值。

3.5 | 实验模拟

在实验系统中，采用 C++编程语言来实现基于拓展二维半建模方法的单体模型。系统以整体三维立体和二维俯视、左视及右视四个图示显现。如图 3.18 所示。

图 3.18（a）所示为简单标准体中圆台体模型。

图 3.18（b）所示为以简单标准体中的棱台体为基本形，通过改变顶点对应关系和线条类属，但保留上下端面间顶点对应关系来建造新的模型体。

图 3.18（c）所示为在图 3.18（b）基础上，上端面向 X 向倾斜。简单变形体主要改变的是端面之间的平行关系。此类单体允许端面在 X、Y 或二者合成方向上有所倾斜。在具体实现时，则以下端面为基准，上端面进行倾斜。

图 3.18（d）所示复杂变形体以二维端面为圆示例，展示其经过拉伸后得到的单体外观形态。

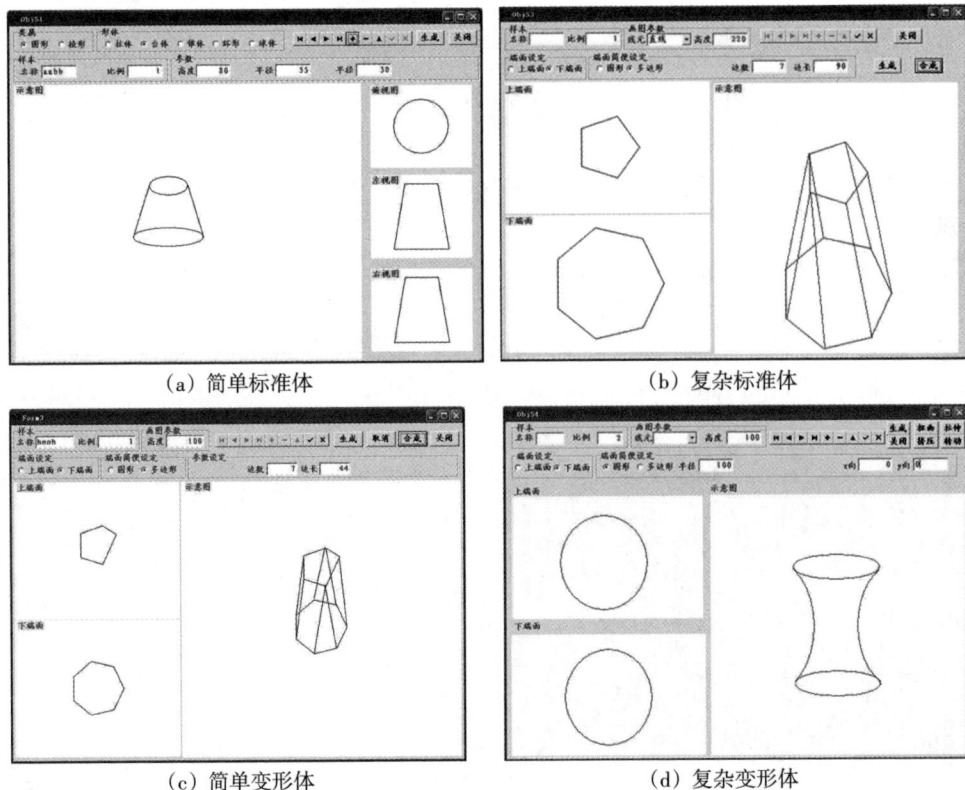

（a）简单标准体

（b）复杂标准体

（c）简单变形体

（d）复杂变形体

图 3.18　单体模型

3.6 | 本章小结

　　本章将传统二维半算法中的半维高度信息拓展到可以包括顶点属性、线段属性、端面翻转、形体扭曲挤压等信息量，形成拓展二维半算法。根据半维信息的复杂程度将实体对象分为简单标准体、复杂标准体、简单变形体和复杂变形体四个类别，并在数据存储方面进行了讨论。

第 4 章

构建基于改进消隐算法的静态模型

4.1 | 引言

  利用拓展二维半算法建立单体模型后，需将单体模型组合为复杂形体，搭建树木静态模型。在此过程中，有以下几种操作方式：根据实际情况，删除单体操作；分裂操作，是将选定的单体分割为两个或两个以上的子单体，主要目的是通过控制局部形态来进一步描绘树的外形；平移变换，包括针对树枝对象初始位置和边缘位置的两类操作，基于起始位置的平移变换通过改变选择树枝在依附枝干上的相对位置来实现，基于结束位置的平移变换通过给定一个三维平移矢量实现；比例变换，是根据给出的 X、Y 和 Z 轴方向上的伸缩比例参数，以及树木对象的半径缩放比例参数进行的操作；旋转变换，包括以自身为旋转轴和以垂直于地面为轴的两类操作；垂直地面的弯曲变换和平行地面的弯曲变换[52]。在此过程中，分叉通常用于两部分子对象的连接。如何在树枝上确定次级树枝的成长信息，是很重要的研究内容。这里主要有两种解决方法：第一种解决方法，首先确定两条树枝独立不同的初始形态，再将次级树枝附着到主枝上。这种方法必须考虑两条树枝衔接处的接触面之间是否存在重合问题。如果重合，需要运用物体与物体之间的消隐算法。第二种解决方法，按照观察到的主、次级枝干之间夹角的角度规律，利用角度挤压或者拉伸等方式，在主枝干上生长出次级枝干。

  在此过程中，无论采取以上何种方法，都需将若干单体模型进行组合，涉及组合面之间面和线段的处理。本章利用改进消隐算法来处理组合面线段关系。

4.2 | 相关技术和消隐算法介绍

消隐（hidden surface removal）是消除在一定观察方向下被遮挡的不可见的线和面。习惯上称作消除隐藏线和隐藏面[53]，如图 4.1 所示。

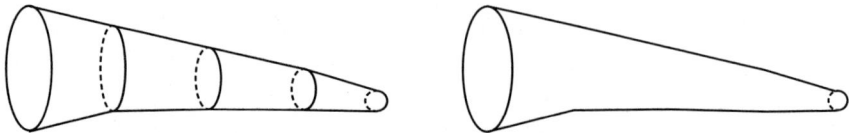

图 4.1　单体组合示意图

目前常用的消隐算法根据所在的坐标或空间不同，可分为物体空间消隐算法和图像空间消隐算法两大类[54-56]。

物体空间消隐算法是以场景中的物体为处理对象，将场景中的每一个物体与其他物体比较，确定并显示物体表面的可见部分。算法复杂度 $O(kh \times kh)$，k 为场景中的物体个数，h 为每个物体表面的多边形个数。较为典型的物体空间消隐算法有：背面消除算法、深度优先排序方法（画家算法）、光线投射方法、径向预排序法[57]。

图像空间消隐算法是以窗口内每个元素为处理对象，确定像素点与投影点连线穿过的、距离观察点最近的物体，并显示该元素。算法复杂度 $O(mnkh)$，k 为场景中的物体个数，h 为每个物体表面的多边形个数，显示区域有（$m \times n$）个像素。图像空间消隐算法主要包括：深度缓存法、扫描线算法等[58]。

目前常用的面消隐算法主要有：Z-buffer 算法（Z-缓冲器算法）、画家算法、BSP（二叉空间分割）树算法等[59-62]。

Z-buffer 算法是所有图像空间算法中最简单的面消隐算法，距离观察者远的物体被距离观察者近的物体所遮挡，不需要在这个全镜头内的所有空间几何数据，与物体在全镜头中出现的顺序不发生关系。算法的运算速度由全镜头中多边形面片数量决定，而不是全镜头中与观察者有关的可见多边形面片数量。计算时需要额外的 Z 缓冲器，为每个多边形的每个像素处计算深度值。该算法简单，利于硬件实现，但计算量大。

画家算法，介于图像空间与物体空间之间的算法。首先绘制距离较远的场景，然后绘制距离较近的场景覆盖较远的部分。画家算法将场景中的多边形根据深度进行排序，然后按照顺序进行描绘。在画家算法中，有大量的深度排序计算，且排序过后，必须检查相邻的面，来确保深度优先级中前者在前，后者在后。若遇到多边形循环遮挡，多边形相互穿透，必须分割多边形，然后进行排序，再进行显示。画家算法中要求场景中多边形是凸多边形。

BSP 树算法基本思想是：在空间中，一个平面可以将一个空间分为两个 1/2 的空间。可以定义 1/2 空间 A，1/2 空间 B。在其中的一个半空间还会有一个平面将 1/2 空间分为两个 1/4 空间，如此循环下去，空间被分割为 1/N（N 趋于无限大）A 和 1/N（N 趋于无限大）B，直到形成一个二叉树。在实现时只记录空间内多边形面片的空间相对位置，在场景中的多边形排序后，一直按照从后向前的顺序绘制，即最大 z 值的多边形最先开始绘制，反之最小 z 值的多边形在最后绘制。使用这种方法可以在运行时使用一个预先计算好的树来得到多边形从后向前的列表，BSP 树算法中多边形排序是预先处理的，不需花费运行时间。

4.3 ｜ 单体组合消隐算法

每种消隐算法都由以下几部分组成：要进行消隐计算的三维对象的集合；经过消隐计算的二维对象集；进行消隐计算所采取的数据结构；进行消隐计算的基本操作过程集，主要包括：分类、排序，三维坐标变换，透视投影变换，基本元素求交计算，包含性测试、可见性测试，点与区域的包含测试面的朝向测试；S 为消隐策略，即规定 P 中各基本操作过程被采用的先后次序[63]。

4.3.1　凸凹体定义及相互转化

由第 3 章中得到的单体模型形态多变，既可以是凸面体，也可以是凹面体。凸体包括凸多面体和凸曲面体，指其表面外法线均不相交的形体，即凸体总是位于其组成表面中任一表面的同一侧，任何实体都可用形体分析法分解成若干个基本凸体[64]。凸多面体的任何截面都是凸多边形。一个凸多面体可代数地定义为线性不等式的解集：$mx \le b$。其中，m 是一个实元的 $s \times 3$ 矩阵（s 是多面体面数），b 是一个实元的向量[65]。相反，把多面体的任何一个面伸展

成平面，如果所有其他各面不都在这个平面的同侧，这样的多面体叫作凹多面体[66]。由于凹多面体不好计算，一般均转化为凸多面体。

在凹多面体的凹陷处，假想地作必要的填充、补实，使它成为凸多面体，这个过程称为形体的局部补偿，经形体补偿得到的凸多面体称为准凸多面体[67]。由于补偿体只需满足凹陷处即可，所以补偿体存在不唯一性。为处理方便，约定补偿体必须是简单的，补偿后使准凸多面体形状最简单。由此可推知，补偿体的外表面不存在洞、槽或孔的结构，如图 4.2 所示。补偿后，只需研究相应单体的接触面即可。

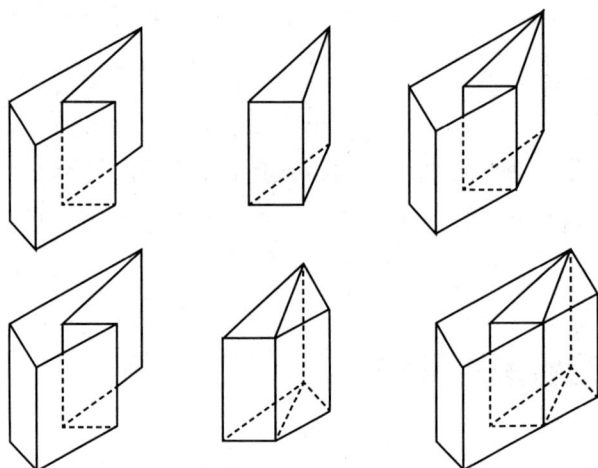

图 4.2 补偿示意图

4.3.2 面片关系判定

将两个即将组合的单体转化为凸体后，讨论两个接触面的关系。即，在何处两接触面相交，哪些面片或线段消隐。

空间中的两个面片存在平行或相交两种位置关系，实际建造模型中相交关系又可按照交线分为几种情况[68]，如图 4.3 所示。

① 交线为一点；

② 交线为一条线段。

由于实际建造模型过程中，考虑到有限空间，端面是有界有向图，运用投影分解法，可以将单体模型分解为各类子线段，判断线段的可见性即可，其二维相交性结果就是空间的相交性结果[69]。

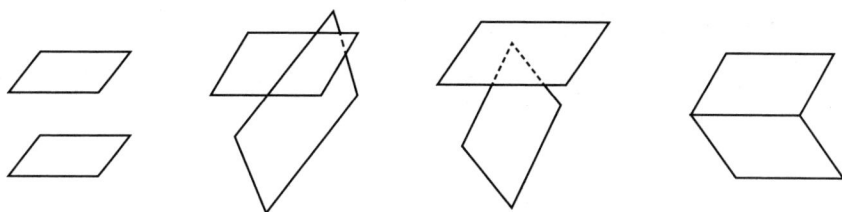

图 4.3 接触面情况示意图

4.3.3 线段处理

本书采用透视投影方法来处理线段之间的遮挡关系。透视投影将单体投射到投影面上，获得较为接近视觉效果的，具有消失感、距离感，相同大小的形体呈现出规律变化的等一系列透视特性的单面投影图，逼真地反映形体的空间形象[70-71]。透视投影的视点为 O 点，投影平面为 N 平

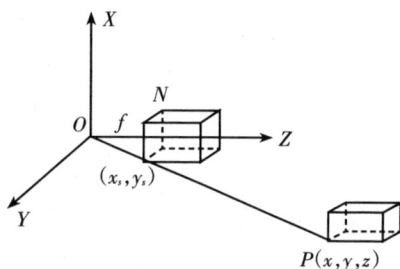

图 4.4 透视投影图

面，形体上一点 $P(x, y, z)$ 的投影为 (x_s, y_s)，如图 4.4 所示，变换公式见式（4.1）。

$$z\begin{bmatrix} x_s \\ y_s \\ 1 \end{bmatrix} = \begin{bmatrix} f & 0 & 0 & 0 \\ 0 & f & 0 & 0 \\ 0 & 0 & 1 & 0 \end{bmatrix}\begin{bmatrix} x \\ y \\ z \\ 1 \end{bmatrix} \tag{4.1}$$

在单体模型的消隐问题转化为判断子线段是否可见后，着重判断线段可见性即可。线段之间有相交或平行两种关系。相对应地在消隐过程中线段之间存在无遮挡、完全遮挡、部分遮挡三种类型[72-73]，如图 4.5 所示。

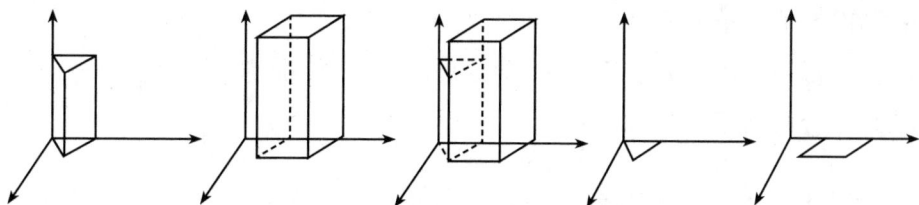

图 4.5 体、面、线转化示意图

得到投影线段后，主要通过线段与视点形成的夹角来判断两条线段之间的

关系，如图 4.6 所示，计算公式见式（4.2）。

根据 O 点坐标 (x_o, y_o)、A 点坐标 (x_a, y_a)，B 点坐标 (x_b, y_b)，C 点坐标 (x_c, y_c)，D 点坐标 (x_d, y_d) 可求得：

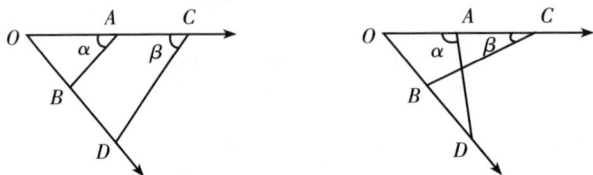

图 4.6　角度示意图

$$\begin{cases} \alpha = \arccos \dfrac{OA^2 + AB^2 - OB^2}{2 \cdot OA \cdot AB} \\[2mm] \quad = \dfrac{(x_a - x_o)^2 + (y_a - y_o)^2 + (x_a - x_b)^2 + (y_a - y_b)^2 - (x_b - x_o)^2 - (y_b - y_o)^2}{2 \cdot \sqrt{(x_a - x_o)^2 + (y_a - y_o)^2} \cdot \sqrt{(x_a - x_b)^2 + (y_a - y_b)^2}} \\[4mm] \beta = \arccos \dfrac{OC^2 + CD^2 - OD^2}{2 \cdot OC \cdot CD} \\[2mm] \quad = \dfrac{(x_c - x_o)^2 + (y_c - y_o)^2 + (x_c - x_d)^2 + (y_c - y_d)^2 - (x_d - x_o)^2 - (y_d - y_o)^2}{2 \cdot \sqrt{(x_c - x_o)^2 + (y_c - y_o)^2} \cdot \sqrt{(x_c - x_d)^2 + (y_c - y_d)^2}} \end{cases} \quad (4.2)$$

比较 α 和 β 两个角度：

① 如果两个角度相等，则 AB 和 CD 两条线段平行或完全遮挡，此时观察 Z 轴信息，如果 $vector\_z$ 相等，则两条线段完全遮挡，线段 AB 消隐；如果 $vector\_z$ 不相等，则两条线段是平行关系。

② 如果两个角度不相等，则代表 AB、CD 两条线段在无限空间内终会相交，但在有界区域内则会有不相交情况发生，如图 4.7 所示。

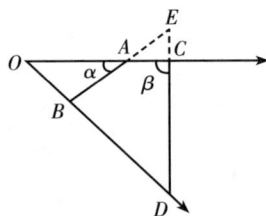

图 4.7　线段相交示意图

不平行的 AB、CD 是否会在有界区域内相交，只需判断 AB、CD 两条线段的交点是否在有界区域内。

线段 AB：$y = \dfrac{y_b - y_a}{x_b - x_a}(x - x_a) + y_a$

线段 CD：$y = \dfrac{y_d - y_c}{x_d - x_c}(x - x_c) + y_c$

得出交点 $E(x_e, y_e)$，比较 A、B、C、D、E 五个点的坐标值，判断 E 点是否在有界区域内。

① 不在区域内，则两条线段不相交，不存在遮挡关系；

② 在区域内，则表示两条线段存在部分遮挡关系，EA（B、C、D）消隐。

4.4 | 存储结构设计

以图 4.8 所示的两个单体相组合为例，表 4.1 给出了体、面、线、点的理论存储结构。

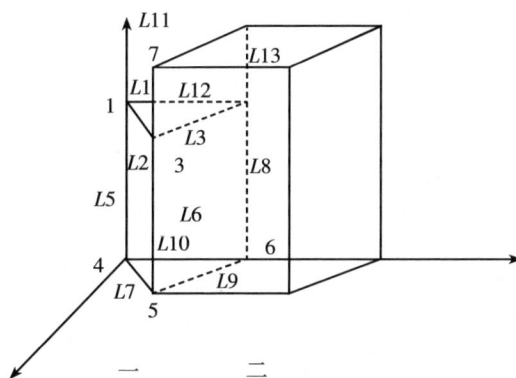

图 4.8　组合示意图

表 4.1　理论存储结构

X_1		Y_1		X_2		Y_2				X_3		Y_3	
高四位	低四位	高四位	低四位	高八位	低八位	高四位	高中四位	低中四位	低四位	高四位	低四位	高四位	低四位
组合体编号	单体编号	面号	包含边数	包含边编号	边号	第一顶点编号	第二顶点编号	第一顶点坐标x值	第二顶点坐标x值	第一顶点坐标y值	第二顶点坐标y值	第一顶点坐标z值	第二顶点坐标z值
1	1	1	3	1,2,3	1	1	2	x_1	x_2	y_1	y_2	z_1	z_2
					2	1	3	x_1	x_3	y_1	y_3	z_1	z_3
					3	2	3	x_2	x_3	y_2	y_3	z_2	z_3

表 4.1（续）

X_1		Y_1		X_2		Y_2				X_3		Y_3	
高四位	低四位	高四位	低四位	高八位	低八位	高四位	高中四位	低中四位	低四位	高四位	低四位	高四位	低四位
组合体编号	单体编号	面号	包含边数	包含边编号	边号	第一个顶点编号	第二个顶点编号	第一顶点坐标x值	第二顶点坐标x值	第一顶点坐标y值	第二顶点坐标y值	第一顶点坐标z值	第二顶点坐标z值
		2	4	2,5,6,7	2	1	3	x_1	x_3	y_1	y_3	z_1	z_3
					5	1	4	x_1	x_4	y_1	y_4	z_1	z_4
					6	3	5	x_3	x_5	y_3	y_5	z_3	z_5
					7	4	5	x_4	x_5	y_4	y_5	z_4	z_5
		3	4	3,6,18,9	3	2	3	x_2	x_3	y_2	y_3	z_2	z_3
					6	3	5	x_3	x_5	y_3	y_5	z_3	z_5
					8	2	6	x_2	x_6	y_2	y_6	z_2	z_6
					9	5	6	x_5	x_6	y_5	y_6	z_5	z_6
		4	3	7,9,10	7	4	5	x_4	x_5	y_4	y_5	z_4	z_5
					9	5	6	x_5	x_6	y_5	y_6	z_5	z_6
					10	4	6	x_4	x_6	y_4	y_6	z_4	z_6
1	2	5	4	9,11,12,13	9	5	6	x_5	x_6	y_5	y_6	z_5	z_6
					11	7	8	x_7	x_8	y_7	y_8	z_7	z_8
					12	7	5	x_7	x_5	y_7	y_5	z_7	z_5
					13	8	6	x_8	x_6	y_8	y_6	z_8	z_6

组合体内部数据处理结束后，才能快速、准确、逼真地建立树木静态模型。在实际软件运行中，按以下方式进行存储。见表 4.2～表 4.5。

表 4.2　体表

组合体编号	单体号	
1	1	2

表 4.3　面表

单体号	面号	边号			
1	1	1	2	3	
1	2	2	5	6	7
1	3	3	6	8	9
2	4	7	9	10	

表 4.4　边表

边号	第一顶点编号	第二顶点编号
1	1	2
2	1	3
3	2	3
5	1	4

表 4.5　点表

顶点编号	X	Y	Z
1	x_1	y_1	z_1
2	x_2	y_2	z_2
3	x_3	y_3	z_3
4	x_4	y_4	z_4

4.5 ｜ 单体组合构建树木静态模型

自然界中树木在形态上具有分形特征和自相似性：一棵树基本是由主干、分枝、树叶三部分组成。在树木的主干上分出枝干，在枝干上长出树叶或者果实[74]。因此，利用树木枝干、叶片的结构特征信息与改进消隐算法进行单体模型组合，搭建树木静态模型。

4.5.1　树木枝干果实构形

（1）根对象

根从种类上分为：

① 实生根：遵循自然规律由树苗或种子生长的树木的根系。主要特点是主根发达，生长较深，稳固性高，对养分吸收力强，生命力顽强，阶段发育，对成长环境适应力强[75]，如图 4.9 所示。

② 茎源根：由植物枝条扦插、压条等繁殖方式形成，其根系来源于茎的不定根。特点是主根明显，其他分根不明显，须根多，根系位置相对较浅，稳定性较差。相对年龄老、生命力弱，对外界适应力相对较弱，个体差异不大[76]，如图 4.10 所示。

③ 根蘖根：从根上产生不定芽进而形成根蘖苗，从母株分离后的个体的

根系称为根蘖根，特点与茎源根相同[77]，如图 4.11 所示。

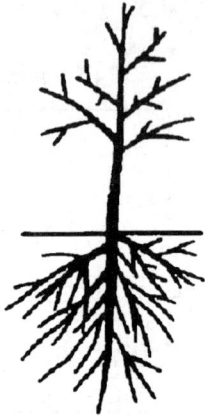

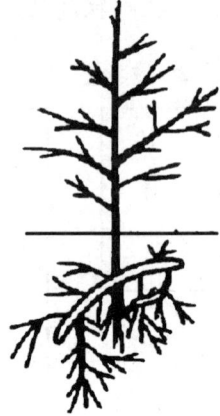

图 4.9　实生根　　　　　　图 4.10　茎源根　　　　　　图 4.11　根蘖根

观察根的结构，由骨干根（主根、侧根）、须根和根毛构成[78]。

①骨干根：由主根和侧根构成。

②须根：侧根上形成的细小根系。根上最活跃的部分，它生长在侧根上，具有吸收、合成、分泌、输导的功能。

③根毛：是须根吸收根上的表皮细胞形成的管状突起物，具有数量多、密度大、寿命短的特点。

（2）茎对象

茎从种类上分为：

①直立茎：茎干明显地背地性垂直地面，枝直立或斜生于空间[79]。

②缠绕茎：本身柔软不能自行独立向上生长，需要缠绕在其他竖直支持物上才能向上生长，如金银花[80]。

③攀缘茎：茎柔软与缠绕茎相同，不同之处在于可以攀附在石头建筑物等上，借用其他媒介作为支撑向上生长，如地锦[81]。

④匍匐茎：同缠绕茎相同，本身无自我垂直生长能力。不同之处在于不缠绕其他媒介，也不攀附其他媒介，经常匍匐于地面生长，如铺地柏[82]。

茎的分枝特性：

①总状分枝（单轴分枝）式：枝干的顶芽顺势向前生长形成主干或主蔓，顶芽有独特的生长优势，在其侧伴随生长产生侧枝，侧枝又以同样方式形成次级侧枝。多数裸子植物属于这类分枝方式。

②合轴分枝式：头芽长到一定程度开花或自毁，在侧芽位置生长出芽，继续循环，以上述方式分枝生长。多数被子植物属于此类分枝方式。

③假二叉分枝式：具有对生芽的植物，顶芽自枯或分化为花芽，其下对生芽同时萌枝生长，形成叉状侧枝，以后如此继续。如：泡桐、丁香、连翘等。

许多树木年幼时呈总状分枝，生长到一定树龄后，就逐渐变为合轴或假二叉分枝[83]。

④顶端优势：自然界中由于植物的顶芽生长占优势而抑制侧芽生长的现象，称为"顶端优势"。顶芽长出主茎，侧芽长出侧枝，通常主茎生长很快，而侧枝或侧芽则生长较慢或潜伏不长。除枝条顶端的嫩芽外，生长中的幼叶、节间、花序等都能抑制枝条顶端嫩芽下面的侧芽生长，根尖能抑制侧根的生长和发育，枝头果也能抑制边果的生长[84]。受制于阳光、通风情况、季节雨水等自然因素，现实生活中的植物普遍存在顶端优势[85]。

观察根、茎和树枝的外形，将其逐步分解、无限分割成若干段，每段趋近于圆台体。可以用圆台体的变形函数来模拟根、茎和树枝，这种圆台体的变形和树干的变形不尽相同。虽然用于描述树枝的圆台体端面形状依旧保持不变，但对于简单规则化形体来说，只需修改其中一个端面的半径即可构造出贴近自然的形态模型。不过，当超出简单规则限度之后，考虑到树枝生长的不规整性，圆台体的主轴需要用复杂的公式进行表达。此时可以采用数学公式 $f(x,y)$ 作为轴线扫描依据。轴线扫描函数是分段组合函数，其中可能包括圆弧曲线、抛物线曲线、双曲线、椭圆曲线、螺旋线曲线等。当函数曲线不能近似生成分枝形状时，可以采用将圆环切割方式，选取其中的一部分环，通过调整曲率构建一段树枝的模型。这样一段树枝就可通过不同的多个半环（曲率不同）相互拼接而成。

树枝生长分为三个时期：少年期、壮年期和老年期，三个不同时期有着不同的生长率，分别是：$growspeed_{young}$、$growspeed_{strong}$ 和 $growspeed_{old}$。某一时刻树枝的长度可以通过植物处在不同时期的生长时间决定，表达式见公式（4.3）。

$$length(t) = length_{origin} + t_1 growspeed_{young} + t_2 growspeed_{strong} + t_3 growspeed_{old} \quad (4.3)$$

其中，$length_{origin}$ 表示树枝的初始长度，t_1 表示树枝在少年期的生长时间，t_2 表示树枝在壮年期的生长时间，t_3 表示树枝在老年期的生长时间，并且满足

$t = t_1 + t_2 + t_3$。

由于树枝的半径和长度成一定的比率，这样就可以为树枝分别设置上下底面半径的比率，利用树枝的长度来获得半径，参见公式（4.4）。

$$\begin{cases} rad\,ius_{top} = leng\,th \times ratio_{top} \\ rad\,ius_{bottom} = leng\,th \times ratio_{bottom} \end{cases} \tag{4.4}$$

其中，$ratio_{top}$，$ratio_{bottom}$ 分别为上底和下底的比率。

这样利用 L-system 和时间控制函数，不仅可以在植物的形态结构上，还能在器官的生长上模拟植物的实时动态生长情况。可以得出，植物的每个部分都有不同的生长函数，它们各自有着独立的斜率、时间和大小参数[86]。

（3）果实

果实由于受万有引力作用，一般会垂直地面方向生长。

树干可以近似为变形圆台。当被观察对象与观察点距离较远时，可以把圆台体视作圆柱体。当被观察对象距离观察点较近的时候，可以认为树干为下粗上细或下细上粗的圆台。如果要以图形予以刻画，那么只需要更改端面的半径。

4.5.2 树木叶片构形

叶序（phyllotaxis）是植物学中的一种常见现象，它是指植物的叶片在茎上生长或排列的位置。叶片在茎上的排列方式通常都有一定规律，而且一般很难被环境因子所影响。它是植物的一种特有的形态学特征[87-88]。通常用叶序分数来描述，即每个叶周内原基的个数与排列的螺旋圈数之比[89-90]。将叶序周数作为分子，叶片总数作为分母，此分数就代表了植物的叶序。经验表明：常见的交互对生叶序植物中，很难找到具有大于或等于 6/32 叶序式的植物，没有 8/40 叶序式分布的植物。总体说来，1/2，2/8 式叶序分数的植物种类较常见[91]。1/2 式即上下平行的方式。2/8 式基本为正东西—南北向着生。1/6 式为叶序不呈东西—南北向着生，而呈东南—西北、东北—西南向着生，以这种方式生长的植物相对较少。经过长期的进化，植物的生长是有一定规律的，即螺旋向上生长，尽可能更大面积地占有身边的阳光资源和生长空间，进行光合作用和自身器官的生长[92]。原基的排列方式依树种的不同而呈现出多种不同的叶序模式，主要有以下四类基本模式[93]：

（1）互生

螺旋状排列在主轴上的分枝，叶子以交错的方式排列在每个枝节上，叶片以螺旋状生长在茎上，如樟树、榕树、山黄麻等。互生叶序植物基本上有 1/2，1/3，2/5，3/8，5/13 等 5 种叶序分数[94]，如图 4.12 所示。

（2）轮生

生长在同一水平面的多个枝条，即在同一枝节上环绕式地长出三片或三片以上的叶子，排列成圆环状，如夹竹桃、百合等，如图 4.13 所示。

（3）对生

主轴的每一节上有相互对立的两个分枝，这种模式发生在次级分枝，即两片叶子对称地长在同一枝节的两侧，如黄金露花、野牡丹、青枫等。对生叶序植物有 1/2，1/3，2/8 等 3 种叶序分数[95]，如图 4.14 所示。

（4）簇生

两个或两个以上的叶子生长在节间极度缩短的侧生短枝的顶端，如金钱松、落叶松等，如图 4.15 所示。

图 4.12　互生　　　　图 4.13　轮生　　　　图 4.14　对生　　　　图 4.15　簇生

对于叶片建模可以使用二维方法设计出平面图，再赋予半维高度信息。现实中，叶片样本定义几乎完全不同于枝干。第一，叶片相对较薄，扫描规则可以认为无畸形变换。第二，选定的样本树叶可能存在大小不一、颜色不同、生长位置差异等，但是图形上可以近似看作相同。第三，附着在叶片之上的若干细微信息（如边缘毛刺、叶脉走向、绒毛、疤痕等）可予以忽略。经过如此简化之后，叶片即能够视为具有一定厚度网格面片 F 在 Z 向沿 X、Y 轴弯曲、翘折后的结构，某叶片样本典型形态如图 4.16 所示。

(a) 俯视　　　　　　　　(b) 侧视　　　　　　　　(c) 弯曲

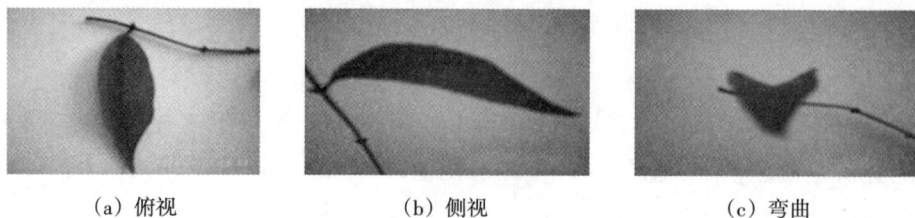

图 4.16　叶片样本典型形态

经过经验验证，某时刻叶片的长度和宽度的生长函数见公式（4.5）。

$$G(t) = L + \frac{U - L}{1 + e^{m(T-t)}} \tag{4.5}$$

其中，L 为植物叶片的长度或者宽度的最大值，U 为植物叶片的长度或者宽度的最小值，m 为植物叶片生长数据斜率的近似值，T 为在 $(U-L)/2$ 处的时间，t 为时间变量[96]。

4.5.3　树木特征表现

如果仔细观察树木整体情况，不难发现：树木自身可以分为枝干、叶片（果实）两大部分，以及连接这两部分的分叉信息。

要是利用数据库手段将分叉部分的相关信息保留下来，那么根据实际情况可以分为以下数据项予以描述：

（1）角度

次级枝干与主级枝干间的夹角，如图 4.17 所示。

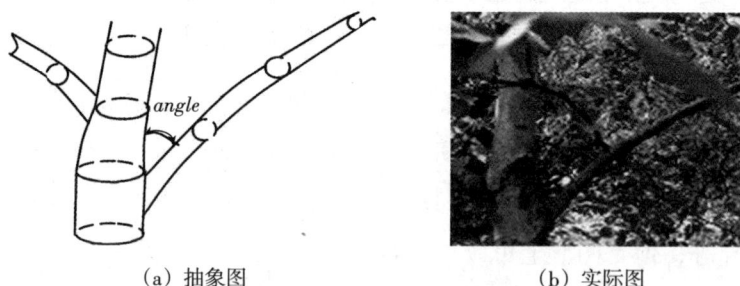

(a) 抽象图　　　　　　　　　　　　　　(b) 实际图

图 4.17　枝干角度示意图

植物的分枝角度规定了植物次级枝干在主级枝干上的旋转方向，可以用旋转矩阵来描述。虽然自然界中植物的分枝角度具有随机性，但它们也遵循一定的规则。根据日常生活观察和生活经验，树木分枝角度通常服从均值为45°的高斯分布规律。设定植物自然分枝角度为 $angle$，它服从高斯分布密度函数，见公式（4.6）。

$$f(angle) = \frac{1}{\sigma\sqrt{2\pi}} e^{\frac{-(angle-45)^2}{2\sigma^2}}$$ （4.6）

在现实生活中，需要综合考虑阳光、地理条件、地理位置、风向、温度等环境气候因素。植物的生长总是偏向着太阳光，并且和光线夹角越小的分枝偏向阳光的角度越大。对此可以设置一个参数 σ，其几何意义为：面向光照方向偏转的角度幅值。各相关因素之间的关系见公式（4.7）。

$$\sigma = \frac{c_1 + \sqrt{c_2\alpha - \alpha^2}}{c_3}$$ （4.7）

其中，c_1，c_2，c_3 为常数，c_2 大于180°，α 取值符合公式（4.8）。

$$\alpha = \arccos\frac{v_x p_x + v_y p_y + v_z p_z}{\sqrt{v_x^2 + v_y^2 + v_z^2} \times \sqrt{p_x^2 + p_y^2 + p_z^2}}$$ （4.8）

其中，v 表示树枝的生长方向，p 表示阳光入射方向，α 是 v 和 p 的夹角，如图4.18所示。

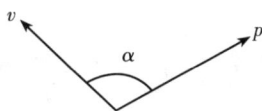

图 4.18　α 角示意图

σ 的偏转方向为绕 v 和 p 所在平面的法线向量 $\boldsymbol{u}$ 为轴旋转，其偏转方程见公式（4.9）。

$$\boldsymbol{R}(\sigma) = T^{-1}\boldsymbol{R}_x^{-1}(\alpha)\boldsymbol{R}_y^{-1}(\beta)\boldsymbol{R}_z(\sigma)\boldsymbol{R}_y(\beta)\boldsymbol{R}_x(\alpha)T$$ （4.9）

其中，$\boldsymbol{R}_x(\alpha)$，$\boldsymbol{R}_y(\alpha)$，$\boldsymbol{R}_z(\alpha)$ 分别为 $\boldsymbol{u}$ 关于 x，y，z 轴的旋转矩阵。最终，植物的自然生长角度为 $angle$ 和偏转吸引子相结合后所产生的角度[97]。

（2）空间朝向

空间朝向实际就是树枝的生长方向。由于树木生长在三维空间当中，角度的确定由正东、正西、正南、正北四个方向的交线确定，如图4.19所示。

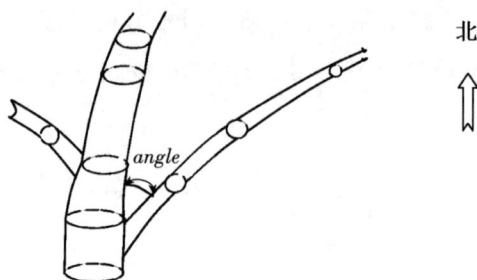

图 4.19　空间朝向示意图

（3）粗细变化

自然界的所有植物的枝干截面并非完全相同，宏观上讲，由根部向梢部的生长趋势是由粗变细的。但是从微观上审查，如果要求准确严格地反映实际情况，枝干变细的规律有可能经常被打破。事实上，为了更好地描述真实树木，还必须考虑各种环境因素、气候的重要影响。

（4）弯曲幅度

树木的品种、季节、树龄差异，有可能引起密度不同；果实在重力作用下其重心也会表现出某些差别；另外，树木生长在自然界中，势必会受到各种情况、周边条件的干扰，比如旁边枝干的挤托效应等，使得树木的枝干弯曲程度出现不一致。

（5）高度参照平面

树枝生长在树干的不同部分，因此必须设置参照平面表示树枝生长的绝对高度，如图 4.20 所示。

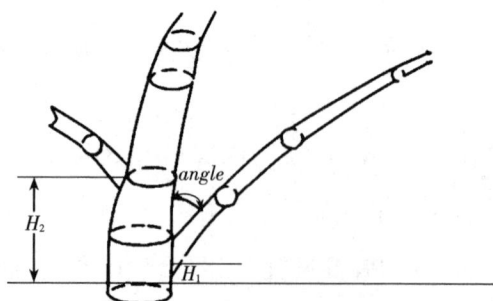

图 4.20　枝干高度示意图

4.5.4　外界环境影响因素

植物器官在植物体内小范围移动，根据植物对刺激源的感受反应不同，可分为向性运动和感性运动两大类。

（1）向性运动

向性运动是指植物器官由于环境因素的单方向刺激所引起的定向运动。运动的本质是由反应点的增长速度不一致造成的，故又称生长性运动。向性运动根据原因可分为向地性、向光性、向水性和向化性[98-99]。

① 向地性：种子萌发时不论其位置如何，根总是朝下生长，称正向地性；茎朝上生长，称负向地性；叶子多为水平方向生长，称横向地性。

② 向光性：植物生长器官受单方向光照射而引起生长弯曲的现象称为向光性。高等植物的向光性主要指植物地上部分茎叶的正向光性，根具有负向光性。向光性是植物的一种生态反应，如茎叶的向光性能使叶子尽量处于吸收光能的最适位置，以增强光合作用。

③ 向水性：根趋向土壤潮湿处生长的特性，称向水性。

④ 向化性：根趋向土壤肥沃处生长的特性，称向化性。

（2）感性运动

感性运动是运动器官因感受刺激的强弱而引起的运动，运动与刺激源方向无关。根据刺激源的不同，感性运动主要有感夜性和感震性两种。

① 感夜性：感夜性是由于夜晚温度或光照强度变化而引起的运动。如花的开放和闭合，因温度和光强的变化，两面生长不一致，花瓣内侧比外侧生长快，花即开放；反之，则闭合。

② 感震性：感震性是由于机械刺激而引起的植物运动，如含羞草叶片的运动。当含羞草叶片受到震动时，小叶立即成对合拢，若所施刺激强烈，全株小叶都会合拢，复叶叶柄下垂。

（3）万有引力的影响

由于树木生长在地球上，受到万有引力、重力、向心力的作用。万有引力是宇宙中任何两个物体（大到天体，小到微观粒子）之间都存在的一种引力；重力是由于地球的吸引而使物体受到的力；向心力是使质点（或物体）做曲线运动时所需的指向曲率中心（圆周运动时即为圆心）的力。其中重力和向心力

是万有引力的两个分力，如图 4.21 和图 4.22 所示。

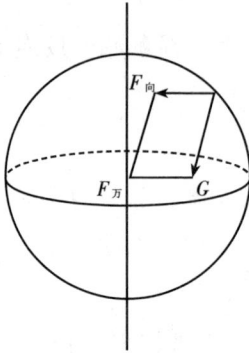

图 4.21 任一点万有引力分解示意图   图 4.22 赤道万有引力分解示意图

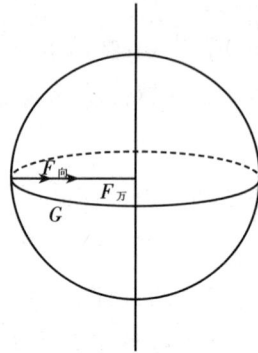

经过数据分析，随地球自转所需的向心力十分微小。在赤道上，自转半径所需的向心力最大，但也只占万有引力的千分之三。而地面上的实体所受的重力与万有引力，二者方向上最多相差 6′，数量上最多相差 0.348%。所以若不考虑地球自转的影响，地面上质量为 m 的物体所受的重力 mg 等于地球对物体的引力[100]。地球表面生长的实体，其生长方向垂直于地表。

4.6 | 实验模拟

利用改进的消隐算法，将单体组合所产生的遮挡效果逐步转化为计算接触面、相交线段、线段顶点的关系。当两个对象发生碰撞，如果某两个可见面在此之前存在部分遮挡关系，在接下来的时间段里，这两个可见面同时进行偏转等操作，那么它们一直保持着此前的遮挡关系。图 4.23（a）所示为自然界中一个场景。图 4.23（b）所示为图片中的一棵树木的模型图。图 4.23（c）所示则为其中一段树枝建立模型时利用消隐算法产生的效果图。图 4.23（d）所示为利用改进消隐算法建立的该树木的静态模型图。图 4.23（e）所示为当前较为流行的三维 L 系统建立的树木模型图。由此可以看出，利用改进消隐算法建立的树木模型真实感强，形态逼真，能够表现出树木的真实形态。

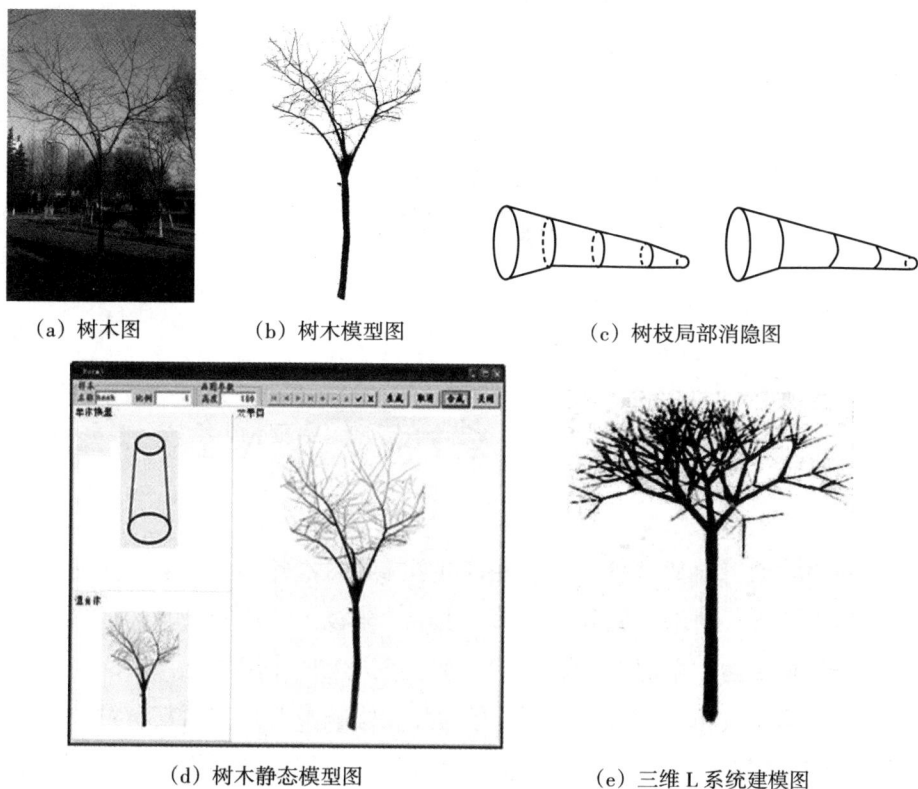

(a) 树木图　　　(b) 树木模型图　　　　　　(c) 树枝局部消隐图

（d）树木静态模型图　　　　　　　（e）三维 L 系统建模图

图 4.23　效果图

4.7 | 本章小结

  在建立单体模型的基础上，利用改进消隐算法将这些单体模型组合，进一步构建树木静态模型。组合过程中存在的问题是两个单体的若干相关接触面之间面、线、点等发生重合以及重合部分的数据处理。由于与消隐过程存在着相似性，两个单体相交面进行组合的过程可以看作其中某个单体相交面消隐。基于改进消隐算法，运用几何方面的知识，将体消隐转化为面消隐，再进一步转化为判断相关线段关系。同时将线性表作为数据结构，处理组合体内部数据。介绍了树木各组成部分——根、茎、叶和果实的结构特征。总结了自然界中对树木生长存在影响的因素。归纳了树木枝干、叶片和分叉等生长特征，为以单体模型搭建树木实体模型提供了重要的基础信息。在此基础上，利用改进消隐算法能够快速、准确、逼真地建立树木静态模型。

第 5 章

材料模型

5.1 | 引言

构建树木动态模型过程中，主要着重于描绘树木各部分对象在受到外力作用后的运动轨迹。树木一般分为根部、主干、分枝、叶片和果实几部分。由于树木自身生长特性：根部在土壤内部，通常外力无法作用于此，根部受力即可忽略；主干形状较粗，一般受风雨等外力作用影响不明显，而其余对象碰撞主干时，作用影响也可忽略不计；分枝、叶片和果实易受外力作用，并且还会在其后过程中对其他对象产生碰撞作用。本章以分枝和叶片为研究对象，讨论导致断裂现象的外力大小以及断裂位置信息。由于树木的树枝外形与杆件相似，并且本身具有木材的材料特征，因此借助材料力学中的杨氏模量予以讨论。

5.2 | 相关概念

将横向尺寸远小于纵向尺寸的对象，称为杆件。杆件可以分为等截面杆和变截面杆；也可以分为直杆和曲杆。常见的杆件变形的形式有：轴向拉伸或压缩、扭转和弯曲。如图 5.1 ~ 图 5.3 所示。

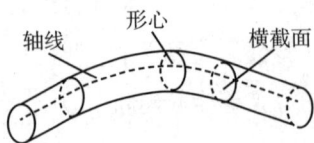

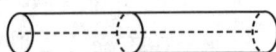

图 5.1 曲杆　　　　图 5.2 等截面杆　　　　图 5.3 变截面杆

作用在杆上的力通常称为应力。应力定义为单位面积所承受的作用力。一般用应力来表示材料的受力程度，计算公式见式（5.1）。

$$\sigma = \lim_{\Delta A_i \to 0} \frac{\Delta F_i}{\Delta A_i} \tag{5.1}$$

其中，σ 表示应力，ΔF_i 表示在 i 方向的施力，ΔA_i 表示在 i 方向的受力面积。

应变定义为一微小材料元素承受应力时所产生的单位长度变形量，因此是一个无单位的物理量，计算公式见式（5.2）。

$$\varepsilon = \lim_{L \to 0} \frac{\Delta L}{L} \tag{5.2}$$

其中，ε 是应变，L 是材料元素的长度，ΔL 是承受应力的变形量。

通过应力–应变曲线（如图 5.4 所示），可以看出应力应变关系分为四个阶段。

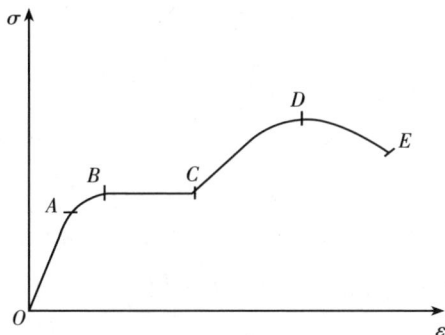

图 5.4　应力–应变曲线

（1）线性阶段（图中的 OA 段）

可以看出 OA 是一条直线，正应力与正应变之间成正比关系，斜率称作弹性模量（杨氏模量）。在变形量没有超过对应材料的一定弹性限度时，正向应力与正向应变的比值见公式（5.3）。

$$E = \frac{\sigma}{\varepsilon} \tag{5.3}$$

A 点所对应的应力为此阶段的应力最高限，通常称为材料的比例极限。一般用 σ_p 表示。在此阶段内，物体发生弹性形变，特点是物体受外力作用而使各点间相对位置改变，当外力撤销后，物体能恢复原状。弹性形变有四种基本类型：拉伸和压缩形变；切变；弯曲形变；扭转形变。

（2）屈服阶段（图中 AC 段）

超过比例极限后，当应力增加到一定值后（B 点）曲线大体呈现水平走向。在此阶段内，应力几乎保持不变，变形却急剧增加，材料失去抵抗变形的能力，即使不增加负荷它仍继续发生明显的塑性变形，特点是当外力撤去后，物体不能恢复原状，则称这样的形变为塑性形变，这种现象称为屈服。此时的应力称为屈服应力或者屈服极限。用 σ_s 表示。

（3）强化阶段（图中 CD 段）

在此阶段，应力增大，材料变形也进一步增加，达到最高点 D 点的应力，是材料所能承受的最大应力。用 σ_b 表示材料的强度极限。

（4）颈缩阶段（图中 DE 段）

达到强度极限后，材料的某一部分出现收缩，产生颈缩。

当正应力达到屈服应力 σ_s 时，材料会出现塑性形变；当达到强度极限 σ_b 时，材料会发生断裂。

树枝可以看作变截面的曲杆。在自然界环境下，受外力作用后产生扭转变形和弯曲变形。当树木枝叶出现摆动时，如果正应力小于比例极限，枝叶会在产生一定幅度的摆动后回归初始位置；当正应力大于屈服极限 σ_s 时，枝叶出现塑性变形，即产生断裂。在本章中，可以将各类树木的杨氏模量与作用于枝叶的正应力产生的断裂极限值相比较，从而判断出枝叶状态。

5.3 │ 确定树枝杨氏模量策略

一般而言，树木的主干比较粗壮，虽然在自然环境下不容易断裂，但是在风场作用下，季风长时间作用于主干，会使主干出现倾斜的情况。

树木分枝相对细弱，在自然因素作用下会有断裂、互相挤压等现象出现。此时为了形象描绘树木运动轨迹，需要比较树枝的杨氏模量与自然因素的作用力。

美国农业部提供了不同树木主干材料的弹性模量数据，大部分在 $5 \sim 12 \, \mathrm{GPa}$ 之间，平均值为 $10 \, \mathrm{GPa}$ [101-102]。

由于树枝外形较为细长，在外力作用下，断裂点无法确定。为了更加详细准确地计算出断裂位置，将树枝无限分割成若干段，每段趋近于圆柱体，相当于等直杆件。计算出每部分的杨氏模量值,并与体积参数复合,求解出断裂极限值 F_N,并将其与外力值 F 相比较。

树枝中被分割的每段近似圆柱体的断裂极限值:$F_{iN} = E_i f(V_i)$,E_i 表示每段近似圆柱体的树枝杨氏模量;V_i 为每段近似圆柱体的体积;f 为乘法规则函数。计算出一条树枝中的每部分断裂极限值后,可以判断:

① $F_{iN} \geqslant F$($i = 1$,2,$\cdots$,n),则第 i 部分至第 n 部分树枝出现摆动,幅度由外力与断裂极限值二者和值共同决定。

② $F_{iN} < F$($i = 1$,2,$\cdots$,n),则在第 $i-1$ 部分处断裂,由第 1 部分至第 $i-1$ 部分组成新的一段树枝,此时需讨论此段断裂的新树枝与其他树枝之间相互挤压的过程。

5.4 | 确定叶片杨氏模量策略

当外力作用于叶片时,叶片本身被撕裂的情况比较少见,更多的状态是叶片的叶柄处断裂。此时需要讨论叶柄处的杨氏模量。由于叶柄的杨氏模量还未有过公开的学术定论,本书根据文献[103]采用的方法,计算出叶柄的杨氏模量,如图 5.5 所示,计算方法见公式(5.4)。

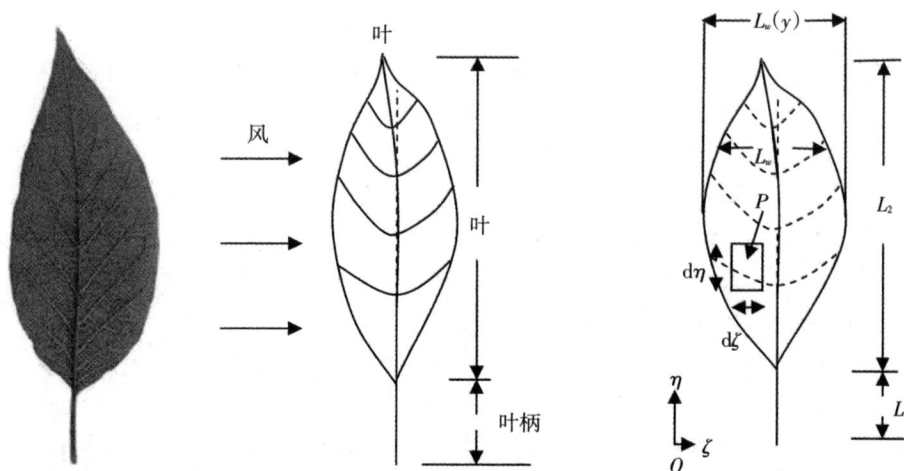

图 5.5　叶片示意图

$$E = \frac{ML_1^2}{3IY_a} \tag{5.4}$$

其中，L_1 为叶柄长度，I 为惯性矩，Y_a 为 a 点挠度，树叶根部弯矩 $M = \int_0^{L_1} D_e(\eta) P\eta \mathrm{d}\eta + \int_{L_1}^{L_1+L_2} L_w(\eta) P\eta \mathrm{d}\eta$，平均风压为 $P = \dfrac{1}{2}\rho C_D v_w^2$，$C_D$ 为空气阻力系数，v_w 为风速，ρ 为密度，$D_e(\eta)$ 是叶柄的直径，$L_w(\eta)$ 是叶片的宽度，由于叶柄直径远小于叶片宽度，可以忽略叶柄上的风荷载，上式简化为 $M = \int_{L_1}^{L_1+L_2} L_w(\eta) P\eta \mathrm{d}\eta$。

5.5 | 实验模拟

实验中取一根半径为 1 cm 的树枝，所用风速为固定八级风速 18 m/s，进行 100 次测试，实验数据如表 5.1 所示，得到一组风力与断裂体积之间的对应数据。通过图 5.6 可以看出风力与断裂体积成正比关系，围绕着理论值上下波动。考虑到有很多影响树枝断裂的因素，因此在一定误差范围内可以接受此材料模型。

表 5.1 实验数据表

序号	长度/m	风力/N	断裂体积/cm³	序号	长度/m	风力/N	断裂体积/cm³
1	0.03	0.19685916	9.42	17	0.077	0.505271844	24.178
2	0.031	0.203421132	9.734	18	0.078	0.511833816	24.492
3	0.035	0.22966902	10.99	19	0.079	0.518395788	24.806
4	0.038	0.249354936	11.932	20	0.08	0.52495776	25.12
5	0.039	0.255916908	12.246			⋮	
6	0.04	0.26247888	12.56	49	0.151	0.990857772	47.414
7	0.041	0.269040852	12.874	50	0.152	0.997419744	47.728
8	0.042	0.275602824	13.188	51	0.153	1.003981716	48.042
9	0.043	0.282164796	13.502	52	0.154	1.010543688	48.356
10	0.049	0.321536628	15.386	53	0.155	1.01710566	48.67
11	0.05	0.3280986	15.7	54	0.156	1.023667632	48.984
12	0.054	0.354346488	16.956	55	0.157	1.030229604	49.298
13	0.065	0.42652818	20.41	56	0.158	1.036791576	49.612
14	0.069	0.452776068	21.666	57	0.175	1.1483451	54.95
15	0.07	0.45933804	21.98	58	0.196	1.286146512	61.544
16	0.071	0.465900012	22.294	59	0.197	1.292708484	61.858

表 5.1（续）

序号	长度/m	风力/N	断裂体积/cm³	序号	长度/m	风力/N	断裂体积/cm³
60	0.204	1.338642288	64.056	67	0.25	1.640493	78.5
61	0.234	1.535501448	73.476	68	0.251	1.647054972	78.814
62	0.235	1.54206342	73.79	69	0.252	1.653616944	79.128
63	0.236	1.548625392	74.104	70	0.264	1.732360608	82.896
64	0.237	1.555187364	74.418			⋮	
65	0.238	1.561749336	74.732	99	0.311	2.040773292	97.654
66	0.239	1.568311308	75.046	100	0.312	2.047335264	97.968

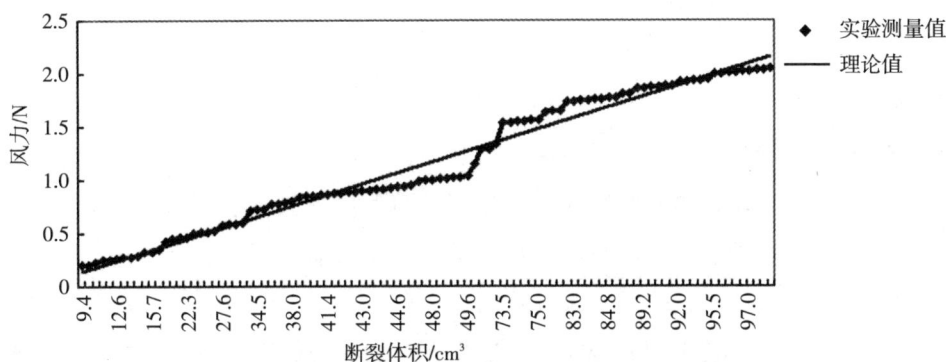

图 5.6　力与断裂体积对应关系

5.6 | 本章小结

　　由于树木生长在自然界中经常受到外力作用，产生树枝、叶片断裂等结果，树木各对象产生断裂的外力值大小、在何位置发生断裂是本章研究的主要问题。考虑树木分枝材料特性和外观形态，利用杆件的应力、杨氏模量等概念，通过受力对象的横截面积、密度等参数转换，得到对象的断裂极限值。将分枝受力与对象各部分的断裂极限值相比较，得出分枝是否断裂结果。叶片和果实的断裂在于叶柄处所受外力与断裂极限值比较的结果。叶柄处的断裂极限值由力学中的公式计算和实验中的数据共同得来。经过实验验证，由本书计算方法得出的力与断裂体积之间的关系数据和实际情况大致吻合，为模拟树木各对象在受到外力作用后产生断裂的位置信息、外力值大小提供了量化分析方法，为气候模型、运动学模型提供了基础。

第 6 章

气候模型

6.1 │ 引言

树木存在于自然界中，风、雨、雪和冰雹是自然界最基本的气候类型，经常作用于树木对象，对其影响较大。这四种因素是树木动态模型中气候模型的主要研究部分。雨、雪、冰雹具有自身重力，而风本身不具备重力；并且单个的雨滴或雪花体积小，作用于某叶片或分枝时，产生点作用于面的效果，即某叶片或分枝会受到若干雨滴或雪花、冰雹颗粒的共同作用，风则不同，在自然界中是整棵树木置于风场中。因此，在雨、雪和冰雹中只需研究雨场模型，雪和冰雹作用于树枝模型均可由雨场推导出来。本章中的气候模型主要研究风场模型和雨场模型。

树在风中的运动属于流固耦合问题，树与风相互作用，相互影响：风吹过树引起树摇动，反过来树的摇动会改变风的速度或方向，因此建立树木风场模型具有代表性和普遍性。国内外对于树木在风场中的模型有很多研究，雨场模型现阶段研究很少。

本章主要解决以下几个问题：

① 定义风模型。矢量风用风速和风向两个变量来描绘。存在于自然界的风由于其本身特性，风向并不是只有横向的，本章将风向分解为三个方向，只有顺风向对树木有影响。同时风速并不是恒定的，参照风速等级表，运用随机数的方法来表现稳定风和阵风。

② 风、雨对树木各部分对象的作用力。风、雨作用于树木时，作用方向分为垂直和斜向带有一定角度。利用动量定理，使树木各部分对象受到的作用

力与风速之间构成直接关系，将风速、雨速与作用对象本身体积、密度等特征相联系，计算作用力。

③ 树木的分枝、叶片等各部分受外力作用后的运动轨迹。计算出风、雨等外界因素作用于对象的外力后，将此外力与受力对象本身断裂极限值相比较，判断出受力对象是否断裂或摆动角度等特征量。

④ 风、雨共同作用于树木。作为自然界中常见的环境影响因素，通常情况是风单独作用于树木，而雨则经常随着风一起作用于树木。因此本章不仅要研究风、雨单独作用模型，还要研究风、雨共同作用的模型。

6.2 │ 相关技术和概念

6.2.1　风场相关技术

由于自然界中风力不是恒定不变的，同一级别风速仍会有波动，现今学术界大都采用随机函数方式表示风力模型，使得风速符合自然波动的特点。

① 利用高斯函数，将瞬时风速表示为平均风速和脉动风速之和，见公式（6.1）。

$$v = \bar{v} + v_{dp} \tag{6.1}$$

其中，v 为风速，v_{dp} 为脉动分量，$\bar{v}$ 为平均风速。函数以 $\bar{v}$ 为期望值，v_{dp} 为方差符合正态分布规律，可以将它近似为高斯过程，通过调整方差来得到不同的风力效果。

确定风速后，就可以根据风速风压关系计算出作用在树枝上的风力。沿着顺风向，风力由拖曳力 F_d 和升力 F_l 两个分量构成，计算公式见式（6.2）。

$$\begin{cases} F_d = \dfrac{1}{2} C_D \rho_a v^2 S \\ F_l = \dfrac{1}{2} C_L \rho_a v^2 S \end{cases} \tag{6.2}$$

其中，C_D 为阻力系数，C_L 为升力系数，S 表示迎风面积，ρ_a 为空气密度，v 为风速。交互的时候，确定风向、风力等级、持续时间和脉动风的方差，就能得到风速的高斯分布，由此可计算风对树的作用力[104-105]。但此种方法涉及信息量众多，计算量大。

② 采用 Perlin 噪声函数来模拟风力的变化。Perlin 噪声通过噪声函数模拟在层次细节上存在各种变化的自然景物。如地形地貌、海面波浪、树枝运动和风等现象，它由噪声函数和插值函数构造而成，计算公式见式（6.3）。

$$W = W_i \times \left[1 + \frac{kF}{(k'rE + b)}\right] \qquad (6.3)$$

其中，F 表示风力，W 表示风向量，k，k'，b 都是有待实验确定的常数，$k \times k' \neq 0$，r 和 E 分别表示节间半径和节间的杨氏模量，风作用后的节间向量表示为 $I'_i = I_i + W_i$，I_i 为原第 i 个节间向量，I'_i 为风作用后的第 i 个节间向量，W_i 为作用于第 i 个节间上的风向量[106]。

由于 Perlin 噪声函数在计算机图形学中的应用，噪声应该是伪随机的，这样才会在相同参数调用时得到相同的结果。但由于 Perlin 噪声函数随着维数的增加，插值函数成指数增长，并且在计算相邻点差值时会表现出人工痕迹，描绘自然图像的效果不够自然。

6.2.2 雨场相关概念

（1）落雨云层

一般地，在气象学领域中，按照大气温度、成分等不同性质，可以在铅直方向上分为对流层、平流层、中间层、热层和外层（散逸层）。其中，对流层是紧接地面的大气最低层，平均高度为 11 km，实际高度随纬度变化。这一层中几乎包含了整个大气中的水汽，很多天气现象（如云、雨、雷等）均发生在这一层中。对流层又可分为下层、中层、上层和对流层顶。其中的中层有 2~6 km 的高度，是形成降水的重要气层。基本上可以认为高度 11km 的位置是降雨的主要位置。

（2）凝结高度

凝结高度为湿空气绝热上升冷却逐渐趋于饱和最终达到发生水汽凝结的高度。

$$(Z - Z_0) = 123(T - T_d) \qquad (6.4)$$

其中，Z 为凝结高度，Z_0 为起始高度（地面 $Z_0 = 0$），T 为起始高度处的气温，T_d 为露点气温[107]。

（W）是 270°，其余的风向都可以由此计算出来，如图 6.1 所示。在本书中，采用日常生活中经常使用的方位和角度共同描述风向。例如，135°的东南风在本书中表示为东偏南 45°。

表 6.1　风力等级与风速对照表

风力等级	风速		风力等级	风速	
	表示1/(km·h⁻¹)	表示2/(m·s⁻¹)		表示1/(km·h⁻¹)	表示2/(m·s⁻¹)
0	<1	0~0.2	9	75~88	20.8~24.4
1	1~5	0.3~1.5	10	89~102	24.5~28.4
2	6~11	1.6~3.3	11	103~117	28.5~32.6
3	12~19	3.4~5.4	12	118~133	32.7~36.9
4	20~28	5.5~7.9	13	134~149	37.0~41.4
5	29~38	8.0~10.7	14	150~166	41.5~46.1
6	39~49	10.8~13.8	15	167~183	46.2~50.9
7	50~61	13.9~17.1	16	184~201	51.0~56.0
8	62~74	17.2~20.7	17	202~220	56.1~61.2

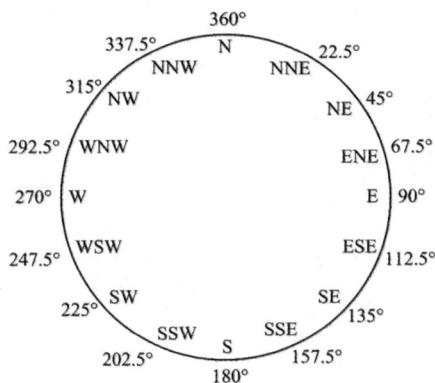

图 6.1　风向示意图

① 在实际应用中，考虑到风的三个方向分量，空间中一点 $Q(x,y,z)$ 在 t 时刻的风速计算公式见式（6.9）。

$$\begin{cases} U(Q;\ t)=\overline{U}(z)+u(Q;\ t) \\ V(Q;\ t)=v(Q;\ t) \\ W(Q;\ t)=w(Q;\ t) \end{cases} \qquad (6.9)$$

其中，$\bar{U}(z)$ 为平均速率，而脉动分量 $u(Q;\ t)$、$v(Q;\ t)$ 和 $w(Q;\ t)$ 是随机变量，均值为零，大体上服从正态分布。在实际应用中，通常将它们离散化，在频域空间利用互谱密度矩阵描述其随机性质，见公式（6.10）。

$$S_{\varepsilon}(\omega) = \begin{bmatrix} S_{\varepsilon_1\varepsilon_1}(\omega) & S_{\varepsilon_1\varepsilon_2}(\omega) & \cdots & S_{\varepsilon_1\varepsilon_n}(\omega) \\ S_{\varepsilon_2\varepsilon_1}(\omega) & S_{\varepsilon_2\varepsilon_2}(\omega) & \cdots & S_{\varepsilon_2\varepsilon_n}(\omega) \\ \vdots & \vdots & & \vdots \\ S_{\varepsilon_n\varepsilon_1}(\omega) & S_{\varepsilon_n\varepsilon_2}(\omega) & \cdots & S_{\varepsilon_n\varepsilon_n}(\omega) \end{bmatrix} \tag{6.10}$$

其中，$\varepsilon = u,\ v,\ w$，为角频率，非对角线上的元素为互谱密度，其表示为 $S_{\varepsilon_1\varepsilon_2} = \sqrt{S_{\varepsilon_1\varepsilon_1}(\omega)S_{\varepsilon_2\varepsilon_2}(\omega)}\ \text{Coh}(Q_1,\ Q_2;\ \omega)$，对角线上的元素为自谱密度，$S_{\varepsilon\varepsilon}(\omega) = \dfrac{U^2 \times A_{\varepsilon} f^{\gamma}}{(\omega/2\pi)(1 + B_{\varepsilon} f^{\alpha})^{\beta}}$，$f = \omega_z/2\pi\bar{U}(z)$，$A_{\varepsilon}$、$B_{\varepsilon}$、$\alpha$、$\beta$、$\gamma$ 是一组无量纲系数，

$$\text{Coh}(Q_1,\ Q_2;\ \omega) = \exp\left\{ -\frac{\omega \sum_r C_{r\varepsilon}|r_1 - r_2|}{\pi\left[\bar{U}_{(z_1)} + \bar{U}_{(z_2)}\right]} \right\},\ \varepsilon = u,\ v,\ w,\ r = x,\ y,\ z，系数 C_{r\varepsilon} 为$$

指数衰减系数，$\bar{U}_{(z_1)}$、$\bar{U}_{(z_2)}$ 分别为两点上的平均速率。

② 确定顺风向的风速后，考虑到自然界中在风力等级确定的情况下，风速大小不是一直保持不变的，通常有所波动[114]，通过设置不同的调整常量，可以表示出不同的风力大小，见公式（6.11）。

$$v_1 = \begin{cases} av_1 + b, & 0 \leqslant t \leqslant t_c \\ c + d\sin(t)v_1, & t_c < t \leqslant mid\_time \\ e - f(t_c - t)v_1/t_c, & mid\_time < t \leqslant max\_time \end{cases} \tag{6.11}$$

其中，t_c 是时间常量，a、b、c、d、e、f 是调整常量。

只要给出风力等级，经过上述两个步骤，即可定义风模型，得到风速 v_1。

6.3.2 受风场作用的树木

树木本身可以分为主干、分枝、叶片和果实四个部分。在风场中风作用位置不同，风力产生的冲力也不同，因而产生的倾斜、摆动、断裂等现象也会不同。根据树的种类、作用部位、材质不同，各自的杨氏模量不同，断裂极限值 F_N 也不相同[115]。

6.3.2.1　主干受力

一般树木的主干比较粗壮，在风力的作用下不会出现摆动现象。当风力达到一定程度的时候可能会出现主干从中间断裂或者被连根拔起的现象。数据显示，当风力到达 10 级时，会出现大树被连根吹倒的现象，此种现象在树木模型的应用领域非常少见，因此在动态建模过程中，可以认为主干没有任何变化。

6.3.2.2　叶片受力

树木叶片生长看似杂乱无章，但是仔细观察可以发现，叶片的生长是有一定规律的：在自然界中，依据树木品种差别，树叶在树枝上的排列方式可以分为对生、互生、轮生、簇生四种分布形态。因此在同一风场中，即便是同一棵树的叶片，与风向之间的夹角也会不同，分为以下三种情况。

（1）风垂直吹向叶片

当叶片垂直地面置于某风场中时，瞬时风向垂直于叶片，如图 6.2 所示。

图 6.2　风向垂直叶片示意图

定理 6.1　设风垂直作用于叶片，ρ_1 为空气密度，S 为叶片表面积，v_1 为风速，则叶片所受冲力：$F = \rho_1 S v_1^2$。

证明：由动量定理计算。风作用于叶片的冲量等于它的动量变化，$Ft = m_1 v_1$，m_1 为空气质量，t 为风作用于叶片的时长。存在 $m_1 = \rho_1 V_{空}$，$V_{空}$ 为相应的空气体积，等于风作用的叶片体积，$V_{空} = SL = Sv_1 t$，S 为叶片表面积，L 为叶片厚度。因此，$Ft = m_1 v_1 = \rho_1 V_{空} v_1 = \rho_1 SL v_1 = \rho_1 S v_1 t v_1 = \rho_1 S v_1^2 t$，得到 $F = \rho_1 S v_1^2$。定理得证。

得到 F 值后，与叶片根部叶柄处断裂极限值 F_N 相比较：

① $F > F_N$，则叶片断裂。

② $F < F_N$，则会出现瞬时叶片非垂直于地面置于风场中，如图 6.3 所示。此时叶片摆动幅度，即与地面夹角 θ 由风力和叶片根部叶柄处断裂极限值 F_N 共同决定，如图 6.4 所示，地面夹角 θ 可由公式（6.12）计算得出。

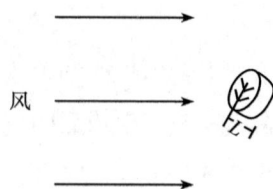

图 6.3　叶片非垂直于地面示意图　　　　图 6.4　叶片倾斜角度示意图

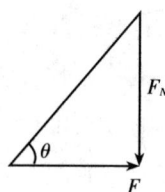

$$\theta = \arctan\frac{F_N}{F} \tag{6.12}$$

（2）风呈一定角度吹向叶片

当叶片垂直地面置于某风场中时，瞬时风向并非垂直于叶片，而是具有一定角度，如图 6.5 中的风向即为西偏北θ角度。此时需将风力按照叶片方向分解，如图 6.6 所示。叶片所受的冲力大小可由公式（6.13）计算得出。

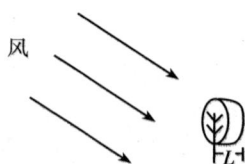

图 6.5　风斜向作用于叶片示意图　　　　图 6.6　垂直叶片受力分解图

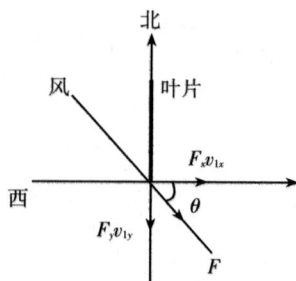

$$\begin{cases} F_x = F\cos\theta = \rho_1 Sv_1^2\cos\theta \\ F_y = F\sin\theta = \rho_1 Sv_1^2\sin\theta \end{cases} \tag{6.13}$$

此时比较 F_x、F_y 与叶片根部叶柄处断裂极限值 F_N：

① $F_x > F_N$，则叶片断裂；

② $F_x < F_N$，则叶片倾斜，此时会出现叶片非垂直地面置于非平行于地面的风场中的情况；

③ $F_y > F_N$，则叶片断裂；

④ $F_y < F_N$，对叶片无影响。

（3）风向与叶片均带有一定角度

当叶片不垂直地面置于某风场中，并且瞬时风向并非垂直于叶片，而是

具有一定角度 ϕ，如图 6.7 所示，图中的风向即为西偏北 θ 角度。此时需将风力按照叶片方向分解，如图 6.8 所示。叶片所受的冲力大小可由公式（6.14）计算得出。

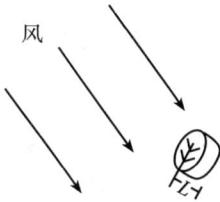

图 6.7 风斜向作用倾斜叶片示意图

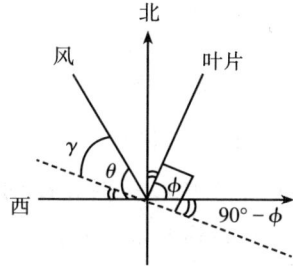

图 6.8 倾斜叶片受力分解图

$$\begin{cases} \gamma = \theta + \phi - 90° \\ F_x = F\cos\gamma = \rho_1 S v_1^2 \cos\gamma \\ F_y = F\sin\gamma = \rho_1 S v_1^2 \sin\gamma \end{cases} \quad (6.14)$$

此时比较 F_x、F_y 与叶片根部叶柄处断裂极限值 F_N：

① $F_x > F_N$，则叶片断裂；

② $F_x < F_N$，则叶片继续倾斜，此时 ϕ 逐渐减小；

③ $F_y > F_N$，则叶片断裂；

④ $F_y < F_N$，对叶片无影响。

6.3.2.3 分枝受力

一棵完整的树木除了主干外，还有其他分枝。这些分枝比主干细弱，处于风场中时，根据自身性质会出现摆动以及断裂的情况。观察在自然界中生长的树木，分枝生长角度没有规律。因此在同一风场中，即便是同一棵树的树枝与风向之间的夹角也会不同。

树枝在实际生长环境中呈现根部粗顶端细逐渐变化的情况，因此可认为是类圆台体。但在风场环境下，由于风作用于树枝时间非常短，作用时间 t_1、t_2 几乎相同，如图 6.9 所示，因而在风作用于树枝时，圆台体与圆柱体没有显著区别，所以在本书中，将树枝作为圆柱体，且以树枝根部质点为受力点进行研究。在风场中，如果风向与树枝的生长方向一致，那么此风场对树枝没有显著影响。除此之外，风若对树枝产生影响，那么情况可分为两种：

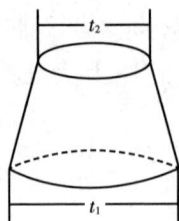

图 6.9 树枝示意图

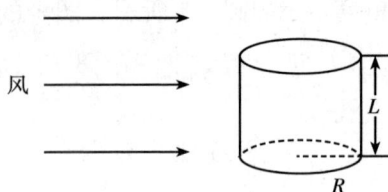

图 6.10 风向垂直树枝

（1）风垂直吹向树枝

当树枝置于某风场中时，瞬时风向垂直于树枝，如图 6.10 所示。树枝所受的风力大小根据定理 6.1 与公式（6.15）计算得出。

$$F = \frac{\pi}{2}\rho_1 v_1^2 RL \tag{6.15}$$

其中，R 为圆柱体底面半径，L 为高，此时比较 F 与树枝根部处断裂极限值 F_N：

① $F > F_N$，则树枝断裂；

② $F < F_N$，则树枝摆动，造成风向与树枝之间有一定的角度。

（2）风向与树枝间存在一定角度

当树枝置于某风场中时，瞬时风向并非垂直于树枝，而是具有一定角度，如图 6.11 所示，图中的风向即为西偏北 θ 角度。此时需将风力按照树枝方向分解，如图 6.12 所示。决定树枝是否断裂的冲力大小 F_x 可由公式（6.16）计算得出。

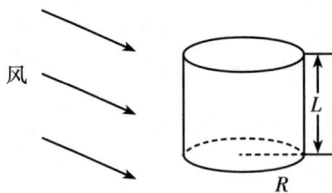

图 6.11 风斜向作用于树枝示意图

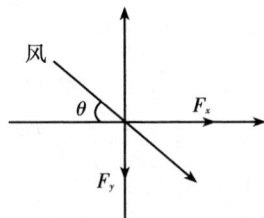

图 6.12 树枝受力分解图

$$F_x = F\cos\theta = \frac{\pi}{2}\rho_1 v_1^2 RL\cos\theta \tag{6.16}$$

此时比较 F_x 与树枝根部处断裂极限值 F_N：

① $F_x > F_N$，则树枝断裂；

② $F_x < F_N$，则树枝摆动，造成风向与树枝之间有一定的角度。

6.3.2.4 果实受力

果实整体外形上基本以圆柱体居多，故在本书中以圆柱体代替果实进行研究，如图 6.13 所示。设果实质量为 G。因为果实垂直于地面，所以无论风向如何，都只存在风垂直作用于果实这一种情况，如图 6.14 所示。果实所受冲力大小由公式（6.17）计算得出。

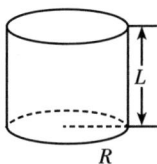

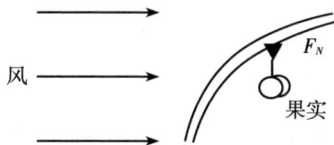

图 6.13　果实模拟图　　　　图 6.14　风向垂直果实示意图

$$\begin{cases} R = \dfrac{1}{2}v_1 t \\ V_{果实} = \pi R^2 L = \pi \left(\dfrac{v_1 t}{2}\right)^2 L = \dfrac{\pi}{4} v_1^2 t^2 L \\ F = \dfrac{\pi}{2} \rho_1 v_1^2 RL \end{cases} \tag{6.17}$$

此时比较 F 与果实根部处断裂极限值 F_N：

① $F > F_N$，则果实断裂。

② $F < F_N$，则果实倾斜，如图 6.15 所示。此时需将风力按照果实方向分解，如图 6.16 所示。果实角度如图 6.17 所示。果实所受的冲力大小由公式（6.18）计算得出。

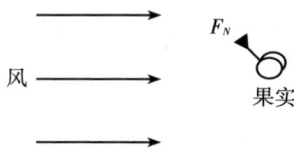

图 6.15　果实非垂直于地面示意图

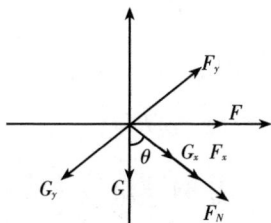

图 6.16　果实受力分解图　　　　图 6.17　果实角度示意图

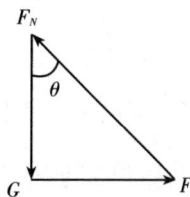

$$\begin{cases} \tan\theta = \dfrac{F}{G} \\ F_x = F\sin\theta \\ G_x = G\cos\theta \end{cases} \tag{6.18}$$

此时，需比较 F_N 与 $G_x + F_x$ 之间大小关系：

① $F_N > G_x + F_x$，则对果实无影响。

② $F_N < G_x + F_x$，则果实断裂。

6.4 | 建立雨场模型

树木整体可分为主干、分枝、叶片和果实四部分。主干粗壮，雨滴的作用力几乎可以忽略。对于其余三种对象，本书以叶片为例，讨论其在雨场无风、有风两种情况下的状态。

6.4.1　无风情况分析

（1）雨滴垂直坠落到地面

当雨滴在空间没有遭遇到树木等对象时，雨滴直接滴落到地面。

（2）雨滴垂直作用于叶片

当叶片垂直于雨滴的下落方向时，二者之间的关系如图 6.18 所示。

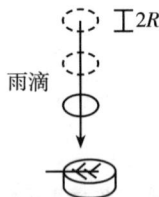

图 6.18　雨滴垂直作用于叶片示意图

定理 6.2　设无风情况下雨滴垂直作用于叶片，ρ_2 为雨滴密度，R 为雨滴的半径，v_2 为雨滴速度，则叶片所受冲力：$F = \dfrac{2}{3}\pi\rho_2 R^2 v_2^2$。

证明：由动量定理计算。雨滴作用于叶片的冲量等于它的动量变化，$Ft = m_2 v_2$，m_2 为雨滴质量，t 为雨滴作用于叶片的时长。存在 $m_2 = \rho_2 V_{雨滴}$，$V_{雨滴}$

为相应的雨滴体积，$V_{雨滴} = \dfrac{4}{3}\pi R^3$。因此，$Ft = m_2 v_2 = \rho_2 V_{雨滴} v_2 = \rho_2\left(\dfrac{4}{3}\pi R^3\right)v_2 = \dfrac{4}{3}\pi\rho_2 R^2\left(\dfrac{1}{2}v_2 t\right)v_2$，得到 $F = \dfrac{2}{3}\pi\rho_2 R^2 v_2^2$。定理得证。

得到 F 值后，与叶片根部叶柄处断裂极限值 F_N 相比较：

① $F > F_N$，则叶片断裂；

② $F < F_N$，则会出现瞬时叶片非垂直于地面置于雨场中，此种情况如图 6.19 所示。此时叶片摆动幅度，即与地面夹角 θ 由雨力和叶片根部叶柄处断裂极限值 F_N 共同决定，如图 6.20 所示，θ 可由公式（6.19）计算得出。

图 6.19　叶片非垂直于地面置于雨场　　图 6.20　叶片摆动角度示意图

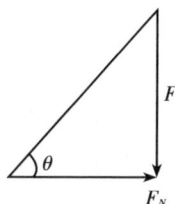

$$\theta = \arctan\dfrac{F}{F_N} \tag{6.19}$$

6.4.2　有风情况分析

（1）雨滴坠落到地面

当风力较小，不足以支持雨滴在横向上作用于叶片时，雨滴在风场中呈现抛物线运动碰触地面，如图 6.21 所示。

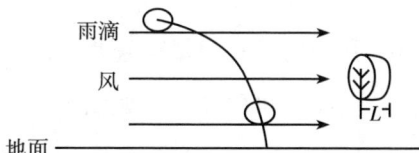

图 6.21　雨滴呈抛物线运动坠落到地面

（2）雨滴作用于叶片

当外界环境足以支持雨滴作用到叶片时，又分为以下情况：

① 情况 1：雨滴垂直作用于叶片。

雨滴的方向是垂直于叶片。雨滴受风场作用后，横向速度发生变化，但是纵向速度保持不变。当雨滴作用于叶片时，其速度方向为二者的和方向，如图 6.22 所示。

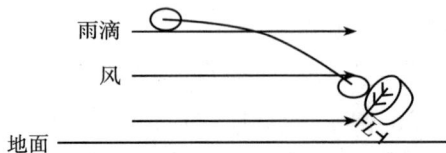

图 6.22　雨滴垂直作用于叶片

定理 6.3　设有风情况下风作用于雨滴，ρ_1 为空气密度，v_1 为风速，R 为雨滴的半径，则雨滴所受冲力：$F = \dfrac{2}{3}\pi\rho_1 v_1^2 R^2$。

证明：由动量定理计算。风作用于雨滴的冲量等于它的动量变化，$Ft = m_1 v_1$，m_1 为空气质量，t 为风作用于雨滴的时长。存在 $m_1 = \rho_1 V_{气}$，$V_{气}$ 为相应的空气体积，等于风作用的雨滴体积，$V_{雨滴} = \dfrac{4}{3}\pi R^3$。由于 $R = \dfrac{1}{2}v_1 t$，可得到

$V_{雨滴} = \dfrac{4}{3}\pi R^3 = \dfrac{4}{3}\pi\left(\dfrac{1}{2}v_1 t\right)^3$。因此，$Ft = m_1 v_1 = \rho_1 V_{雨滴} v_1 = \rho_1\left(\dfrac{4}{3}\pi R^3\right)v_1 = \dfrac{4}{3}\pi\rho_1\left(\dfrac{1}{2}v_1 t\right)^3 v_1$，

$t = \dfrac{2R}{v_1}$，得到 $F = \dfrac{2}{3}\pi\rho_1 v_1^2 R^2$。定理得证。

根据定理 6.3 中得出的雨滴受力公式，可计算出有风情况下叶片受雨滴的作用力。

定理 6.4　设有风情况下雨滴作用于叶片，ρ_1 为空气密度，ρ_2 为雨滴密度，v_1 为风速，R 为雨滴的半径，则叶片所受冲力：$F = \dfrac{\pi t_1^2}{6\rho_2}(\rho_1^2 v_1^4 + 4\rho_2^2 R^2 g^2)$。

**图 6.23　雨滴速度角度
示意图**

证明：雨滴进入风场后，速度 v_2 为横向速度 $v_{横}$ 和纵向速度 $v_{竖}$ 的和速度，三者之间角度关系如图 6.23 所示。横向上只有风产生作用力，纵向上由雨滴的重力产生作用。$F = m_2 a$，$a = \dfrac{F}{m_2} = \dfrac{\dfrac{2}{3}\pi\rho_1 v_1^2 R^2}{\rho\left(\dfrac{4}{3}\pi R^3\right)} =$

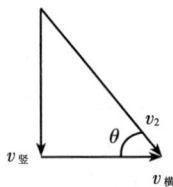

$\dfrac{\rho_1 v_1^2}{2\rho_2 R}$，$v_{横} = v_0 + at_1 = at_1 = \dfrac{\rho_1 v_1^2 t_1}{2\rho_2 R}$，$v_0$ 为雨滴的横向初始速度，初始值为零；a 为

雨滴的横向加速度；t_1 为雨滴在风场中的时间。$v_竖 = gt_1$，$v_2 = \sqrt{v_竖^2 + v_横^2} = t_1\sqrt{\dfrac{\rho_1^2 v_1^4}{4\rho_2^2 R^2} + g^2}$，$\tan\theta = \dfrac{v_横}{v_竖}$。由定理 6.2 中 $F = \dfrac{2}{3}\pi\rho_2 R^2 v_2^2$，得到有风情况下，雨滴对叶片的作用力 $F = \dfrac{1}{6\rho_2}\pi v_1^4\rho_1^2 t_1^2 + \dfrac{2}{3}\pi\rho_2 R^2 t_1^2 g^2 = \dfrac{\pi t_1^2}{6\rho_2}\left(\rho_1^2 v_1^4 + 4\rho_2^2 R^2 g^2\right)$。定理得证。

得到 F 值后，与叶片根部叶柄处断裂极限值 F_N 相比较：

Ⅰ．$F > F_N$，则叶片断裂；

Ⅱ．$F < F_N$，则会出现瞬时叶片非垂直置于雨场中，此时如下面情况 2 所示。

② 情况 2：雨滴呈一定角度作用于叶片。如图 6.24 所示，有关雨滴的各项参数同上，有变化的是雨滴作用于叶片的力 F。在上述情况的基础上，将 F 按照叶片方向分解，如图 6.25 所示。

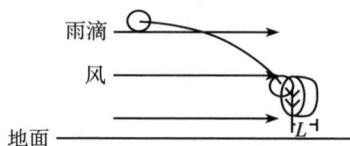

图 6.24　雨滴呈一定角度作用于叶片示意图　　图 6.25　分解示意图

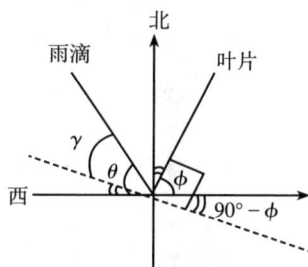

$$\begin{cases} \gamma = \theta + \phi - 90° \\ F_x = F\cos\gamma \\ F_y = F\sin\gamma \end{cases} \qquad (6.20)$$

通过公式（6.20），得到 F_x、F_y 值后，与叶片根部叶柄处断裂极限值 F_N 比较：

Ⅰ．$F_x > F_N$，则叶片断裂；

Ⅱ．$F_x < F_N$，则叶片继续倾斜，此时 ϕ 逐渐减小；

Ⅲ．$F_y > F_N$，则叶片断裂；

Ⅳ．$F_y < F_N$，对叶片无影响。

6.5 | 实验模拟

采用 C++编程语言来实现基于拓展二维半建模方法和碰撞面测定方法的树木静态模型以及加载风场、雨场作用之后的动态模型系统。图 6.26 所示是在树木静态模型基础上，逐渐加大风力之后的系统成像。可以看出随着风力的加大，树枝倾斜幅度逐渐增大并且在此过程中有部分叶片脱落。图 6.26（a）所示为风力为 1 级情况下树木的成像图。可以看出 1 级风力对于枝干、叶片等并

(a) 1 级风力成像图

(b) 3 级风力动态图

(c) 4 级风力动态图

(d) 4 级风力成像图

图 6.26　风场中树木模型

无很大影响，树木几乎处于静止状态。图 6.26（b）所示为风力为 3 级情况下的动态图，即图中同时存在 1 级风力和 3 级风力下的树木模型，便于详细对比枝、叶状态。从图中可以看出在由 1 级风力增加到 3 级风力时，树木由初始位置摆动到一定角度位置。图 6.26（c）所示为风力达到 4 级情况下的动态图，即图中同时存在 1 级风力和 4 级风力下的树木模型，从图中可以看出在由 1 级风力增加到 4 级风力时，树木由初始位置摆动到一定角度位置，部分叶片断裂、细小树枝断裂，较粗的树枝摆动幅度增大等。图 6.26（d）为风力达到 4 级情况下的成像图。图 6.27 是在树木静态模型基础上，逐渐加大风力、增加雨滴作用之后的系统成像。随着雨滴的降落，树枝倾斜幅度逐渐增大并且在此过程中有部分叶片脱落。图 6.27（a）所示为风力为 1 级、无雨滴作用情况下树木模型。可以看出 1 级风力对于枝干、叶片等并无很大影响，树木几乎处于静止状态。图 6.27（b）所示为风力为 4 级并且处于雨场作用情况下的树木模型。可以看出 4 级风力对于细小的树枝影响较大，其开始出现摆动等状态。从实现效果角度来看，利用此气候模型可以得到逼真的树木模型，模拟效果较为真实。

（a）1 级风力无雨滴作用　　　　　　　　　（b）4 级风力有雨滴作用

图 6.27　雨场中树木模型

6.6 | 本章小结

随着风、雨作用而产生的树枝摆动是树木动态模型构建过程中的重要考虑因素。在自然界较为常见的气候现象有风、雨、雪和冰雹等。本章气候模型主要研究风场模型和雨场模型。风作用于树木，主要体现在主干、分枝、叶片和

果实四部分置于风场中时所发生的偏移、断裂等现象。由风速可推导出风对于作用对象的冲力进而与断裂极限相比较，确定作用对象的状态。本书中重点讨论的另一自然现象——雨，借由同样的思路来求解出冲量。架构于树木静态模型基础上，从而完成树木动态模型中的气候模型。自然界中，经常发生雨滴和风同时作用于树木的情况。此时主要采取叠加的方法，即树木所受的冲力为雨滴的作用力以及风的作用力。通过比较冲力和叶片根部叶柄处断裂极限值 F_N 之间的大小，来确定叶片断裂或摆动的状态。雨滴、风二者作用于叶片时有着明显的不同。当风作用于叶片时，叶片完全处于风场环境中；而由于雨滴作用面积小，雨滴大小分布函数导致一片叶子上可以有多滴雨滴，数目由降水量计算即可得出。利用冲量定理构建树木动态模型具有复杂度低、计算量小、系统反应迅速、效果真实等优点。

第7章
运动学模型

7.1 | 引言

树木分枝与叶片、果实均易在自身重力或外力（自然界中的影响因素）作用下产生断裂。由于叶片自身质量较小，在断裂之后的运动过程中，叶片对其他的分枝、叶片或果实等的影响很小，主要的影响因素在于当时的外力作用；树木分枝和果实质量较大，在断裂后的运动过程中对于其他分枝、叶片和果实等均有一定的影响。所以本章主要研究断裂分枝的运动轨迹以及与其他分枝、叶片的碰撞、挤压作用。在本章中主要解决以下几个方面的问题：

① 利用经典物理学中关于力与加速度的定义，确定断裂树枝的运动轨迹：首先，比较外力与重力大小关系，确定对象所受的合力。其次，断裂树枝在每个力的方向上均会产生速度，竖直方向上有重力加速度，外力作用方向上同样也存在着加速度。对象的运动轨迹则由这些方向上的分速度共同决定。

② 断裂树枝在下落过程是否会与其他对象发生碰撞，在何位置处发生碰撞：在确定了断裂树枝运动轨迹的基础上，并且已知树木其他部分的运动轨迹或坐标，利用第4章中的消隐算法即可确定出断裂树枝是否会与其他对象相碰撞。如果碰撞，利用坐标确定两个对象发生的碰撞属于正碰或斜碰。

③ 碰撞后，断裂树枝与被碰撞对象的运动轨迹：将碰撞力与被碰撞对象的应力相比较，判断出被碰撞对象是否断裂或者摆动的角度。

7.2 ｜碰撞问题相关概念

碰撞模型构建一般包含碰撞检测、碰撞测定和碰撞响应三种方法。碰撞检测主要应用于判断两物体间是否发生碰撞（相交）[116-118]；碰撞测定除包含碰撞检测的内容外，还提供两物体间发生碰撞的时间、位置等信息；碰撞响应主要用于修订对象碰撞后的运动参数，如物体的运动状态、运动轨迹等[119-120]。

根据碰撞过程能量是否守恒将碰撞种类分为完全弹性碰撞（能完全恢复原状）、非弹性碰撞（部分恢复原状）、完全非弹性碰撞（完全不能恢复原状）。

为了描述树木枝叶相互碰撞以及碰撞后挤压的状态，仅仅判断两物体间是否发生碰撞是远远不够的，还需要确定时间、位置和哪个部分发生碰撞并产生何种运动轨迹。因此，本章主要研究碰撞测定和碰撞响应两部分。

在检测两物体间是否发生碰撞的问题中较为流行的碰撞测定算法是面向多边形表示方法。几何模型包括多边形表示模型和非多边形表示模型，包括CSG（constructive solid geometry）表示模型、隐函数曲面、参数曲面和体表示模型等。CSG表示模型利用一些基本形体，通过并、交、差等集合运算进行操作来组合形成物体。其他比较著名的算法有：基于特征的最邻近特征算法；基于空间剖分法的均匀剖分、BSP树、k-d树和八叉树（octree）算法；基于层次包围体的层次包围球树、AABB（aligned axis bounding box）层次树、OBB（oriented bounding box）层次树、k-dop（discrete orientation polytope）层次树、QuOSPO（quantized orientation slabs with primary orientations）层次树、凸块层次树以及混合层次包围体树算法[121-123]，这些算法为其后的算法、技术打下坚实的基础。Shinya和Rossignac开创性地提出了基于图形硬件的辅助算法。随后，Myszkowski等利用模板缓存（stencilbufer）对此算法进行了改进[124-125]。Baciu等将深度缓存、模板缓存方法进行组合，进一步提高图像空间碰撞检测算法的效率。Hoff和Kim等将图像空间碰撞检测算法和物体空间碰撞检测算法的优点进行有机结合，利用负荷分散方法，合理调配CPU、GPU来提高算法的整体效率，增强算法功能。

在碰撞响应方法中，碰撞过程可分为两个过程。开始碰撞时，两对象相互挤压，发生形变，由形变产生的弹性恢复力使两对象的速度发生变化，直到两对象的速度变得相等为止，这时形变最大，这是碰撞的第一阶段，称为压缩阶段。此后，由于形变仍然存在，弹性恢复力继续作用，使两对象速度改变而有相互脱离接触的趋势，压缩逐渐减小，直到两对象脱离接触时为止，这是碰撞的第二阶段，称为恢复阶段。整个碰撞过程到此结束。

7.3 | 建立运动学模型

断裂的树枝在下落过程中受自身重力和外力共同作用，外力包括风力、雨滴重力等，这些外力与自然界环境风场、雨场相关；树枝自身重力与密度和断裂体积相关。

结合实际情况，断裂树枝 A 与其被作用对象 B 相碰撞的效果分为两类：A、B 都断裂；A 被 B 反弹后运动，B 没有断裂，只做摆动运动。在第一种类型中，可以将 A 和 B 看作塑性碰撞；第二种类型中，A 和 B 可以看作弹性碰撞。在整个碰撞过程中，虽然 A 和 B 的体积较大，但碰撞点一定，接触面积有限，可以将 A 和 B 近似为碰撞球体予以讨论[126-127]。图 7.1 示出 A 和 B 产生正碰。图 7.2 示出 A 和 B 产生斜碰。

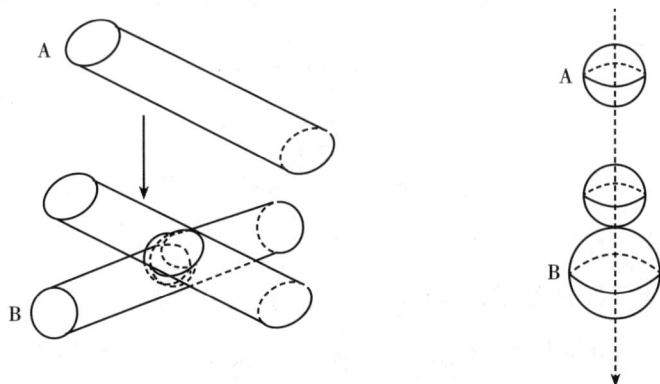

图 7.1 A 和 B 发生正碰

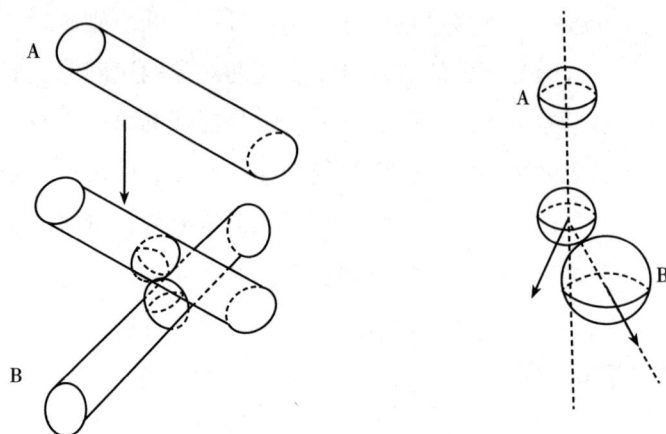

图 7.2　A 和 B 发生斜碰

（1）重力远远大于外力情况

在此过程中，由于断裂树枝 A 的重力远远大于外力 F，所以在下落过程中主要考虑 A 的重力因素，无须考虑外力，因此断裂树枝 A 做垂直运动，如图 7.3 所示。

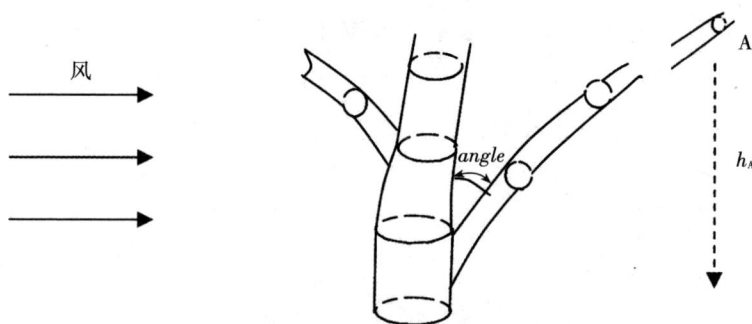

图 7.3　断裂树枝 A 做垂直下落运动

（2）重力大于外力情况

此过程中，断裂树枝 A 做抛物线运动。由于重力和外力（风力等）之间无法相互忽略，此时断裂树枝 A 在二者合力的方向上做抛物线运动（纵向偏移量较小），如图 7.4 所示。

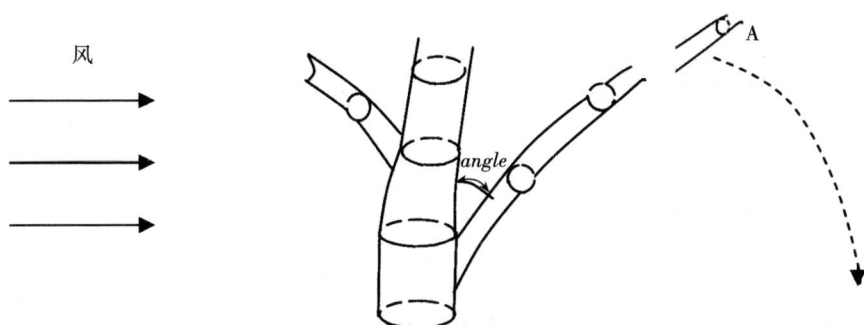

图 7.4　树枝 A 做抛物线运动（1）

（3）外力远远大于重力情况

当外力远远大于重力时，树枝在外力作用下沿着外力方向做加速运动，此时重力可以忽略不计，如图 7.5 所示。

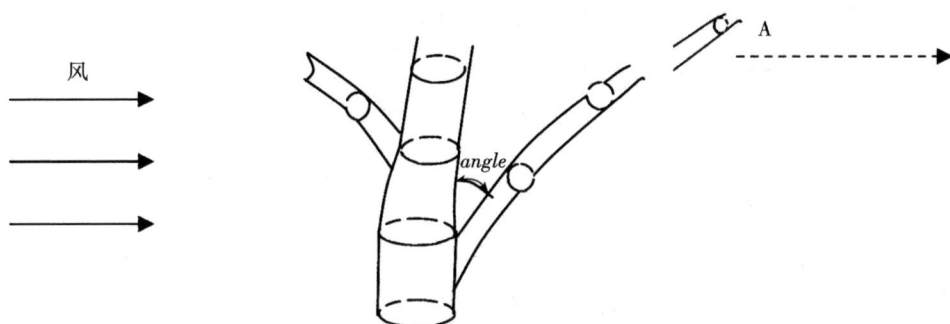

图 7.5　直线运动示意图

（4）外力大于重力情况

此过程中，断裂树枝 A 做抛物线运动。由于重力和外力（风力等）之间无法相互忽略，此时断裂树枝 A 在二者合力的方向上做抛物线运动（纵向偏移量较大），如图 7.6 所示。

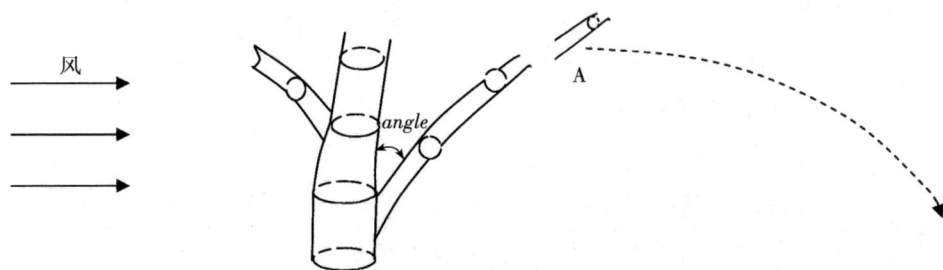

图 7.6　树枝 A 做抛物线运动（2）

7.4 | 碰撞算法定义

7.4.1 碰撞模型算法定义

在四种重力和外力关系下，根据碰撞前两段树枝碰撞点的相对速度是否沿着两碰撞球的球心连线来判断断裂树枝 A 正碰或斜碰树枝 B，见算法 7.1。碰撞后结果可以分为以下情况：

（1）树枝 B 断裂

根据碰撞前树枝 A 的动能和碰撞后树枝 B 的动能大小之间的关系，确定 A 的运动状态，见算法 7.2，具体情况分为：

① 碰撞后树枝 A 向上反弹，树枝 B 向下运动，见算法 7.3。

Ⅰ. 树枝 A 上升过程中遭遇对象；

Ⅱ. 树枝 A 上升过程中没有遭遇对象，下降过程中遭遇对象；

Ⅲ. 树枝 A 没有遭遇对象；

Ⅳ. 树枝 B 遭遇对象；

Ⅴ. 树枝 B 没有遭遇对象。

② 树枝 A 和树枝 B 向下做自由落体运动，见算法 7.4。

Ⅰ. 树枝 A 遭遇其他对象；

Ⅱ. 树枝 A 没有遭遇其他对象；

Ⅲ. 树枝 B 遭遇其他对象；

Ⅳ. 树枝 B 没有遭遇其他对象。

（2）树枝 B 摆动并无断裂

此时比较碰撞力 P 与 A 的重力 G 之间关系，分为：

① $P < G$，树枝 A 下落，见算法 7.5。

Ⅰ. 树枝 A 遭遇对象；

Ⅱ. 树枝 A 没有遭遇对象；

Ⅲ. 树枝 B 挤压其他对象；

Ⅳ. 树枝 B 在摆动过程中没有遭遇其他对象。

② $P > G$，树枝 A 沿原运动方向相反方向（向上）运动，见算法 7.6。

Ⅰ．树枝 A 上升过程中遭遇对象；

Ⅱ．树枝 A 上升过程中没有遭遇对象，下降过程中遭遇对象；

Ⅲ．树枝 A 没有遭遇对象；

Ⅳ．树枝 B 挤压其他对象；

Ⅴ．树枝 B 在摆动过程中没有遭遇其他对象。

算法7.1　断裂对象下落模型（falling movement）

输入：重力 G_A，外力 F，碰撞前两球相对速度连线 V_{AB}，碰撞前两球心连线 L_{AB}

输出：断裂对象碰撞后运动轨迹

comparison(G_A,F)	//重力与外力数值比较
{if(G_A>>F),then fall_motion;	//自由落体运动
{if(V_{AB}==L_{AB})	//比较两球相对速度连线是否沿着两球心连线
then positive collision;	//判断发生正碰或者
else oblique collision;}	//斜碰
else if(G_A>F),then parabolic_motion;	//抛物线运动
{if(V_{AB}==L_{AB})	
then positive collision parabolic;	
else oblique collision parabolic;}	
else if (F>>G_A),then lateral_motion;	//横向运动
{if(V_{AB}==L_{AB})	
then positive collision lateral;	
else oblique collision lateral;}	
else if (F>G_A),then parabolic_motion;	//抛物线运动
{if(V_{AB}==L_{AB})	
then positive collision parabolic;	
else oblique collision parabolic;}	
}	

算法7.2　被碰撞对象运动轨迹（movement）

输入：碰撞力 P，断裂极限值 σ

输出：被断裂对象碰撞后运动轨迹

comparison(P,σ)	//碰撞力与断裂极限值数值比较
{ if(P>σ), then B_frature;	

```
{if(E_B_after > E_A_before)

    Then movementfirst;

    else movementsecond;}

else B_swing;

    {if (P< G_A)

        then movementthird;

        else movementfourth;}

}
```

算法7.3　碰撞后断裂对象向上运动，被碰撞对象向下运动（movementfirst）

输入：断裂对象撞后运动轨迹A_trip，被断裂对象撞后运动轨迹B_trip，其他对象坐标C_position

输出：三个对象的运动轨迹

```
movementfirst()
{comparison(A_trip, B_trip, C_position)
    case 1: A_up_collision                    // 断裂对象上升过程遭遇对象
        {if (V_AC==L_AC)
            then positive collision;
            else oblique collision;}
    case 2: A_down_collision                  // 断裂对象在上升过程中没有遭遇对象
        {if (V_AC==L_AC)                       // 在下降过程中遭遇对象
            then positive collision;
            else oblique collision;}
    case 3: A_uncollision                     // 断裂对象在运动过程中没有遭遇对象
    case 4: B_down_collision                  // 被碰撞对象在下降过程中遭遇对象
        {if (V_BC==L_BC)
            then positive collision;
            else oblique collision;}
    case 5: B_uncollision                     // 被碰撞对象在运动过程中没有遭遇对象
}
```

算法7.4　碰撞后断裂对象、被碰撞对象向下运动（movementsecond）

输入：断裂对象撞后运动轨迹A_trip，被断裂对象撞后运动轨迹B_trip，其他对象坐标C_position

输出：三个对象的运动轨迹

```
movementsecond()
{comparison(A_trip, B_trip, C_position)
    case 1: A_down_collision                  // 断裂对象在下降过程中遭遇对象
        {if (V_AC==L_AC)
            then positive collision;
```

```
        else oblique collision;}            // 断裂对象在运动过程中没有遭遇对象
  case 2：A_uncollision                     // 被碰撞对象在下降过程中遭遇对象
  case 3：B_down_collision
        {if（V_BC==L_BC）
          then positive collision;
        else oblique collision;}
  case 4：B_uncollision                     // 被碰撞对象在运动过程中没有遭遇对象
}
```

算法7.5　碰撞后断裂对象向下运动，被碰撞对象摆动（movementthird）

输入：断裂对象撞后运动轨迹A_trip，被碰撞对象撞后运动轨迹B_trip，其他对象坐标C_position

输出：三个对象的运动轨迹

```
movementthird（ ）
{comparison（A_trip，B_trip，C_position）
  case 1：A_down_collision                  // 断裂对象在下降过程中遭遇对象
        {if（V_AC==L_AC）
          then positive collision;
        else oblique collision;}
  case 2：A_uncollision                     // 断裂对象在运动过程中没有遭遇对象
  case 3：B_swing_collision                 // 被碰撞对象在摆动过程中遭遇对象
        {if（V_BC==L_BC）
          then positive collision;
        else oblique collision;}
  case 4：B_swing_uncollision               // 被碰撞对象在摆动过程中没有遭遇对象
}
```

算法7.6　碰撞后断裂对象向上运动，被碰撞对象摆动（movementfourth）

输入：断裂对象撞后运动轨迹A_trip，被碰撞对象撞后运动轨迹B_trip，其他对象坐标C_position

输出：三个对象的运动轨迹

```
movementfourth（ ）
{comparison（A_trip，B_trip，C_position）
  case 1：A_up_collision                    // 断裂对象在上升过程中遭遇对象
        {if（V_AC==L_AC）
          then positive collision;
        else oblique collision;}
  case 2：A_down_collision                  // 断裂对象在上升过程中没有遭遇对象
        {if（V_AC==L_AC）                     // 在下降过程中遭遇对象
          then positive collision;
        else oblique collision;}
```

```
    case 3 : A_uncollision                    // 断裂对象在运动过程中没有遭遇对象
    case 4 : B_swing_collision                // 被碰撞对象在摆动过程中遭遇对象
        {if（V_BC==L_BC）
            then positive collision;
         else oblique collision;}
    case 5 : B_swing_uncollision              // 被碰撞对象在摆动过程中没有遭遇对象
}
```

7.4.2　碰撞模型计算

假设两段树枝（两个碰撞球）的质量为 m_1 和 m_2，半径为 R_1 和 R_2，杨氏模量为 E_1 和 E_2，泊松比为 μ_1 和 μ_2。

7.4.2.1　树枝 A 和 B 发生正碰

（1）树枝 A 在下落过程中与树枝 B 发生正碰

如图 7.1 所示，树枝 A 和 B 发生正碰，碰撞前的相对速度为 v_{r0}，A 和 B 发生接触后，A、B 之间的距离因为发生变形而逐渐缩短，相对速度逐渐减小到零，此时达到最大压缩状态，这个过程为压缩阶段；之后 A、B 开始恢复，相对速度逐渐增大，直至恢复到最大值 v_{r0}，此时 A、B 分离，这个过程称为恢复阶段。在碰撞过程中，A、B 之间的接触压力 P 由零逐渐增加到最大值，然后又逐渐减小到零。树枝 B 发生断裂或摆动由接触压力 P 决定。当接触压力 P 大于树枝 B 的断裂极限值，则树枝 B 发生断裂；当接触压力 P 小于树枝 B 的断裂极限值，则树枝 B 发生摆动。A、B 的碰撞时间 t 可由弹性力学中的公式得出，计算方法见公式（7.1）。

$$t = t_1 + t_2 = 1.47 \sqrt[5]{\left(\frac{5M}{4n}\right)^2} \left(\frac{1}{\sqrt[5]{v_{r0}}}\right)\left(1 + \frac{1}{\sqrt[5]{K}}\right) \tag{7.1}$$

其中，t_1 为碰撞时压缩阶段的时间，t_2 为碰撞时恢复阶段的时间，M 为 A、B 的折合质量，关系为 $M = \dfrac{m_1 m_2}{m_1 + m_2}$，$n$ 为与接触压力 P 相关的系数，K 为恢复系数，碰撞力（接触压力）P 见公式（7.2）。

$$P = n\sqrt{\delta^3} \tag{7.2}$$

其中，δ 为 A、B 碰撞部分中心的压缩距离，$n = \dfrac{4}{3\pi(a_1 + a_2)}\sqrt{\dfrac{R_1 R_2}{R_1 + R_2}}$，$a_1 =$

$$\frac{1-\mu_1^{\,2}}{\pi E_1},\ a_2=\frac{1-\mu_2^{\,2}}{\pi E_2}\,\text{。}$$

由弹性力学的相关理论可知，完全弹性碰撞时 $t_1=t_2$，此时式（7.1）中 $K=1$。完全非弹性碰撞，$t_1+t_2=\infty$，此时式（7.1）中 $K=0$，意味着被碰撞对象经碰撞后断裂。对于非弹性碰撞，其碰撞时间与树枝 A、B 的质量、半径、碰撞前相对速度以及材料的杨氏模量、泊松比有关。

将式（7.1）应用于碰撞后两段相关树枝均断裂的非弹性碰撞时，只要令 $R_1=\infty$，$m_1=\infty$，$v_{r0}=v_0$，v_0 为 A 碰撞 B 前的速度，计算方法见公式（7.3）。

$$t=1.47\sqrt[5]{\left(\frac{5m}{4n}\right)^2}\left(\frac{1}{\sqrt[5]{v_0}}\right)\left(1+\frac{1}{\sqrt[5]{K}}\right) \tag{7.3}$$

其中，m 为树枝 A 的质量，$n=\dfrac{4\sqrt{R}}{3\pi(a_1+a_2)}$，$R$ 为树枝 A 的半径，恢复系数 $K=\sqrt{h_2/h_1}$。若树枝 A 自高度 h_1 自由下落与树枝 B 碰撞后反弹到 h_2 高度，可以得到 $v_1=\sqrt{2gh_1}$，$v_2=\sqrt{2gh_2}$。

（2）树枝 A 横向与树枝 B 发生正碰

在外力远远大于重力时，A、B 的重力均忽略不计。树枝在外力作用下沿着外力方向做加速运动，如图 7.7 所示。

图 7.7　A 和 B 发生正碰

$$\begin{cases} m_1v_0=m_1v_1+m_2v_2 \\ \dfrac{1}{2}m_1v_0^{\,2}=\dfrac{1}{2}m_1v_1^{\,2}+\dfrac{1}{2}m_2v_2^{\,2} \\ F\Delta t=m_1v_1-m_1v_0 \end{cases} \tag{7.4}$$

A、B 碰撞时碰撞部分中心的压缩距离不易确定，因此在计算 A、B 碰撞力时通常用物理学中的公式来计算。图 7.7 中，根据公式（7.4）可以计算出冲力 $F=\dfrac{m_1v_0\left(\sqrt{m_1^{\,2}+m_2^{\,2}+m_1m_2}-m_2\right)}{(m_1+m_2)\Delta t}$，得到冲力值后与树枝 B 的断裂极限值比较：当冲力值大于树枝 B 的断裂极限值时，树枝 B 断裂；当冲力值小于树枝

B 的断裂极限值时，树枝 B 摆动。

7.4.2.2　树枝 A 和 B 发生斜碰

由于两段树枝表面不光滑，碰撞时除了在连心线方向存在相互压力 N 和 N'（即接触压力 P），接触点切线方向还存在滑动摩擦力 f 和 f'。树枝 B 接触树枝 A，其作用力 N 和 f 的合力方向偏离连心线，因此碰后的运动也偏离连心线。

定理 7.1　设树枝 A 在断裂后的运动过程中与树枝 B 发生斜碰，摩擦系数为 μ，m_2 为树枝 B 的质量，v_2 为树枝 B 碰撞后速度，Δt 为树枝 A 与 B 碰撞的时间，θ 为碰撞时 A、B 碰撞部分中心连线与碰撞后 B 速度方向夹角，η 为 A、B 碰撞部分中心连线与 B 重力方向夹角，则碰撞力：$N' = \dfrac{m_2 v_2 \cos\theta}{\Delta t}$，$\theta = \arctan\mu$，碰撞后 B 的运动角度：$\beta = \eta - \theta$。

证明： 如图 7.8 至图 7.16 所示为树枝 A 断裂后的，在各类型情况下与树枝 B 发生斜碰。A、B 碰撞部分中心球体半径分别为 R_1 和 R_2。v_1 是碰撞后树枝 A 的速度，v_2 是碰撞后树枝 B 的速度，$\Delta t = 1.47\sqrt[5]{\left(\dfrac{5m}{4n}\right)^2}\left(\dfrac{1}{\sqrt[5]{v_{r0}}}\right)\left(1 + \dfrac{1}{\sqrt[5]{K}}\right)$，由力学公式可得：

$$\begin{cases} m_2 v_2 \cos\theta = N'\Delta t \\ m_2 v_2 \sin\theta = f'\Delta t \\ f' = \mu N' \\ F = m_2 g \end{cases}$$

解得：$N' = \dfrac{m_2 v_2 \cos\theta}{\Delta t} = \dfrac{m_2 v_2 \cos\theta \sqrt[5]{v_{r0}K}}{1.47\sqrt[5]{\left(\dfrac{5m}{4n}\right)^2}\left(1 + \sqrt[5]{K}\right)}$，完全弹性碰撞恢复系数 K 为

1，由第一个表达式和第二个表达式可得：$\theta = \arctan\mu$。由于 A 和 B 的碰撞点已知，即 $\eta(\eta = \theta + \beta)$ 角度一定，求出 θ 后，β 即可求出。定理得证。

（1）树枝 A 在下落过程中与树枝 B 发生斜碰

根据定理 7.1，无外力或重力远远大于外力情况下，树枝 A 在下落过程中与树枝 B 发生斜碰，两树枝质量相差不大的情况如图 7.8 所示，树枝 B 的质量远远大于树枝 A 的质量的情况如图 7.9 所示。

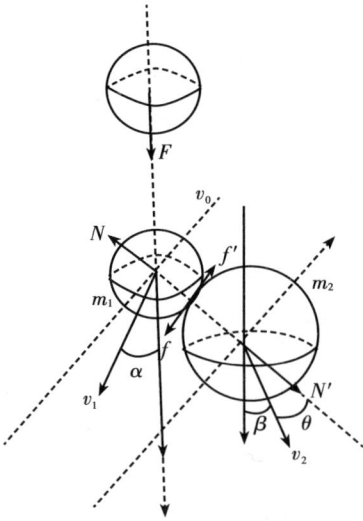

图 7.8　树枝 A 和 B 斜碰（1）　　　　图 7.9　树枝 A 和 B 斜碰 $(m_2 \gg m_1)$（1）

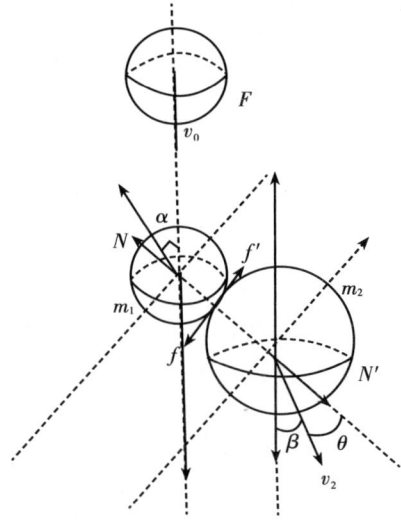

由图 7.8 和公式（7.5）可计算出 A、B 两树枝质量相差不大情况下发生斜碰产生的 v_1，v_2 和α。

$$
\begin{cases}
m_1 g \Delta t = m_1 v_1 + m_2 v_2 - m_1 v_0 \\
m_1 g \cos\beta \Delta t = m_1 v_1 \cos(\alpha+\beta) + m_2 v_2 - m_1 v_0 \cos\beta \\
m_1 g \Delta t = m_1 v_1 \cos\alpha + m_2 v_2 \cos\beta - m_1 v_0 \\
m_1 g \cos\alpha \Delta t = m_1 v_1 + m_2 v_2 \cos(a+\beta) - m_1 v_0 \cos\alpha \\
m_1 v_1 \sin\alpha = m_2 v_2 \sin\beta \\
v_1 \cos(\alpha+\beta+\theta) - v_2 \cos\theta = -v_0 \cos(\beta+\theta) \\
\Delta t = t = t_1 + t_2 = 1.47 \sqrt[5]{\left(\dfrac{5m}{4n}\right)^2} \left(\dfrac{1}{\sqrt[5]{v_{r0}}}\right)\left(1 + \dfrac{1}{\sqrt[5]{K}}\right)
\end{cases}
\tag{7.5}
$$

其中，$v_0 = gt = \sqrt{(h_1 - h_2)/2g}$ 是碰撞前临界时刻树枝 A 的初速度，h_1、h_2 为树枝 A、B 的高度，由坐标即可得出。通过各方向上的动量定理，可得到以上表达式，解出 v_1，v_2 和α：

$$
v_1 = \frac{g\Delta t + v_0}{\cos\alpha - \sin\alpha\tan\alpha + \sin\alpha\csc\beta\sec\beta}
$$

$$
v_2 = \frac{m_1(g\Delta t + v_0)}{m_2 \sin\beta(\cot\alpha - \tan\beta + \csc\beta\sec\beta)}
$$

$$
\alpha = \arctan\left(\frac{A_1}{A_2 + A_3 - v_0}\right)
$$

其中

$$A_1 = \frac{m_2 g \Delta t + 2 m_2 v_0}{m_2 \csc\beta \cos\beta + m_1 \cos\theta \csc\beta \sec(\beta+\theta) + m_2 \tan(\beta+\theta)}$$

$$A_2 = \frac{(m_2 g \Delta t + 2 m_2 v_0)\sin(\beta+\theta)}{m_2 \csc\beta \cos\beta \cos(\beta+\theta) + m_1 \cos\theta \csc\beta + m_2 \sin(\beta+\theta)}$$

$$A_3 = \frac{m_1 (g \Delta t + 2 v_0)\cos\theta}{\cos(\beta+\theta)\left[m_2 \cos\beta + m_1 \cos\theta \sec(\beta+\theta) + m_2 \tan(\beta+\theta)\sin\beta \right]}$$

将得到的 v_2 值代入定理 7.1，即可得到碰撞力 N'，与树枝 B 的断裂极限值比较：当 N' 大于树枝 B 的断裂极限值时，树枝 B 断裂；当 N' 小于树枝 B 的断裂极限值时，树枝 B 摆动。

由图 7.9 和公式（7.6）可计算出树枝 B 的质量远远大于树枝 A 质量情况下发生斜碰产生的 v_1，v_2 和 α。

$$\begin{cases} m_1 g \Delta t = m_1 v_1 + m_2 v_2 - m_1 v_0 \\ m_1 g \cos\beta \Delta t = m_1(-v_1)\cos(\alpha-\beta) + m_2 v_2 - m_1 v_0 \cos\beta \\ m_1 g \Delta t = m_1(-v_1)\cos\alpha + m_2 v_2 \cos\beta - m_1 v_0 \\ m_1 g \cos\alpha \Delta t = m_1(-v_1) + m_2 v_2 \cos(\alpha-\beta) - m_1 v_0 \cos\alpha \\ m_1 v_1 \sin\alpha = m_2 v_2 \sin\beta \\ v_1 \cos(\beta+\theta-\alpha) + v_2 \cos\theta = v_0 \cos(\beta+\theta) \\ \Delta t = t = t_1 + t_2 = 1.47 \sqrt[5]{\left(\frac{5m}{4n}\right)^2} \left(\frac{1}{\sqrt[5]{v_{r0}}}\right)\left(1 + \frac{1}{\sqrt[5]{K}}\right) \end{cases} \quad (7.6)$$

解出：

$$v_1 = \frac{g \Delta t + v_0}{\sin\alpha \csc\beta \sec\beta - \cos\alpha - \sin\alpha \tan\beta}$$

$$v_2 = \frac{m_1(g \Delta t + v_0)}{m_2 \sin\beta(\csc\beta \sec\beta - \cot\alpha - \tan\beta)}$$

$$\alpha = \arctan\left(\frac{A_1}{v_0 - A_2 - A_3}\right)$$

将得到的 v_2 值代入定理 7.1，即可得到碰撞力 N'，与树枝 B 的断裂极限值比较：当 N' 大于树枝 B 的断裂极限值时，树枝 B 断裂；当 N' 小于树枝 B 的断裂极限值时，树枝 B 摆动。

（2）树枝 A 在上升过程中与树枝 B 发生斜碰

根据定理 7.1，无外力或重力远远大于外力情况下，当断裂树枝 A 在上升过程中遭遇对象，两树枝质量相差不大的情况如图 7.10 所示。树枝 B 的质量远远大于树枝 A 的质量的情况如图 7.11 所示。

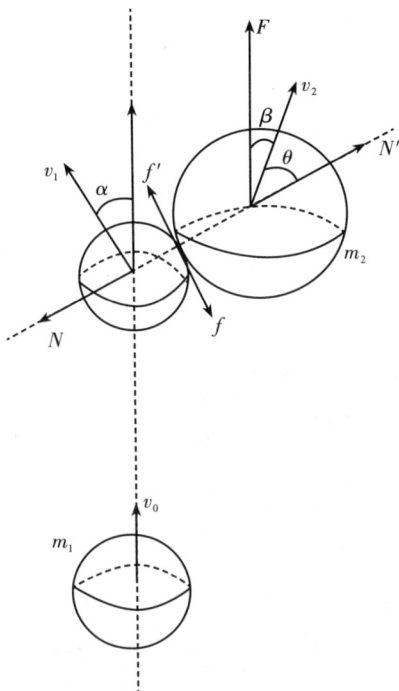

图 7.10 树枝 A 和 B 斜碰（2） 　　**图 7.11** 树枝 A 和 B 斜碰$(m_2 \gg m_1)$（2）

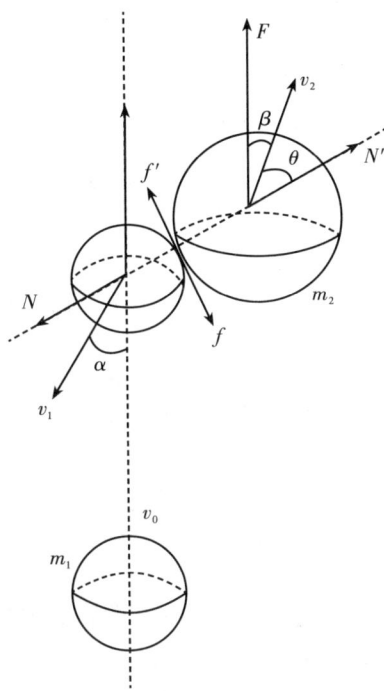

由图 7.10 和公式（7.7）计算出两树枝质量相差不大情况下发生斜碰产生的 v_1，v_2 和 α。

$$
\begin{cases}
m_1 g \Delta t = m_1 v_1 + m_2 v_2 - m_1 v_0 \\
m_1 g \cos\beta \Delta t = m_1(-v_1)\cos(\alpha+\beta) + m_2(-v_2) - m_1(-v_0)\cos\beta \\
m_1 g \Delta t = m_1(-v_1)\cos\alpha + m_2(-v_2)\cos\beta - m_1(-v_0) \\
m_1 g \cos\alpha \Delta t = m_1(-v_1) + m_2(-v_2)\cos(\alpha+\beta) - m_1(-v_0)\cos\alpha \\
m_1 v_1 \sin\alpha = m_2 v_2 \sin\beta \\
v_1 \cos(\alpha+\beta+\theta) - v_2 \cos\theta = -v_0 \cos(\beta+\theta) \\
\Delta t = t = t_1 + t_2 = 1.47 \sqrt[5]{\left(\dfrac{5m}{4n}\right)^2}\left(\dfrac{1}{\sqrt[5]{v_{r0}}}\right)\left(1 + \dfrac{1}{\sqrt[5]{K}}\right)
\end{cases}
\tag{7.7}
$$

通过各方向上的动量定理，可得到以上表达式。解出 v_1，v_2 和 α：

$$v_1 = \frac{g\Delta t - v_0}{\sin\alpha\tan\beta - \sin\alpha\csc\beta\sec\beta - \cos\alpha}$$

$$v_2 = \frac{m_1(g\Delta t - v_0)}{m_2\sin\beta(\tan\beta - \csc\beta\sec\beta - \cot\alpha)}$$

$$\alpha = \arctan\left(\frac{A_4}{A_5 + A_6 - v_0}\right)$$

其中

$$A_4 = \frac{2m_2v_0 - m_2g\Delta t}{m_2\csc\beta\cos\beta + m_1\cos\theta\csc\beta\sec(\beta+\theta) + m_2\tan(\beta+\theta)}$$

$$A_5 = \frac{(m_2g\Delta t - 2m_2v_0)\sin(\beta+\theta)}{m_2\csc\beta\cos\beta\cos(\beta+\theta) + m_1\cos\theta\csc\beta + m_2\sin(\beta+\theta)}$$

$$A_6 = \frac{m_1(g\Delta t - 2v_0)\cos\theta}{\cos(\beta+\theta)\left[m_2\cos\beta + m_1\cos\theta\sec(\beta+\theta) + m_2\tan(\beta+\theta)\sin\beta\right]}$$

将得到的 v_2 值代入，即可得到碰撞力 N'，与树枝 B 的断裂极限值比较：当 N' 大于树枝 B 的断裂极限值时，树枝 B 断裂；当 N' 小于树枝 B 的断裂极限值时，树枝 B 摆动。

由图 7.11 和公式（7.8）可计算出树枝 B 的质量远远大于树枝 A 质量情况下发生斜碰产生的 v_1，v_2 和 α。

$$\begin{cases} m_1g\Delta t = m_1v_1 + m_2v_2 - m_1v_0 \\ m_1g\cos\beta\Delta t = m_1v_1\cos(\alpha-\beta) + m_2(-v_2) - m_1(-v_0)\cos\beta \\ m_1g\Delta t = m_1v_1\cos\alpha + m_2(-v_2)\cos\beta - m_1(-v_0) \\ m_1g\cos\alpha\Delta t = m_1v_1 + m_2(-v_2)\cos(\alpha-\beta) - m_1(-v_0)\cos\alpha \\ m_1v_1\sin\alpha = m_2v_2\sin\beta \\ v_1\cos(\beta+\theta-\alpha) + v_2\cos\theta = v_0\cos(\beta+\theta) \\ \Delta t = t = t_1 + t_2 = 1.47\sqrt[5]{\left(\frac{5m}{4n}\right)^2}\left(\frac{1}{\sqrt[5]{v_{r0}}}\right)\left(1 + \frac{1}{\sqrt[5]{K}}\right) \end{cases} \tag{7.8}$$

通过各方向上的动量定理，可得到以上表达式。解出 v_1，v_2 和 α：

$$v_1 = \frac{g\Delta t - v_0}{\cos\alpha - \sin\alpha\tan\beta - \sin\alpha\csc\beta\sec\beta}$$

$$v_2 = \frac{m_1(g\Delta t - v_0)}{m_2\sin\beta(\cot\beta - \tan\beta - \csc\beta\sec\beta)}$$

$$\alpha = \arctan\left(\frac{A_4}{A_5 + A_6 + v_0}\right)$$

将得到的 v_2 值代入，即可得到碰撞力 N'，与树枝 B 的断裂极限值比较：当 N' 大于树枝 B 的断裂极限值时，树枝 B 断裂；当 N' 小于树枝 B 的断裂极限值时，树枝 B 摆动。

（3）在外力作用下树枝 A 在下落过程中与树枝 B 发生斜碰

根据定理 7.1，存在外力或外力与重力之间互相不可忽略的情况，两树枝质量相差不大的情况如图 7.12 所示，树枝 B 的质量远远大于树枝 A 的质量的情况如图 7.13 所示。

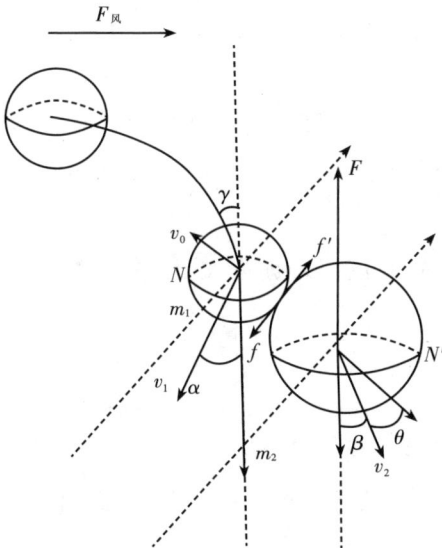

图 7.12　树枝 A 和 B 斜碰（3）　　图 7.13　树枝 A 和 B 斜碰（$m_2 \gg m_1$）（3）

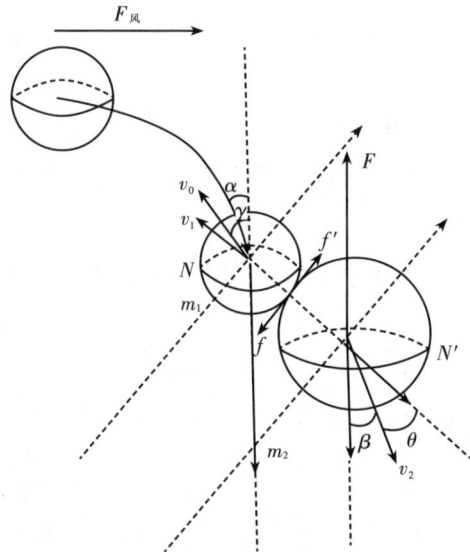

由图 7.12 和公式（7.9）计算出两树枝质量相差不大情况下发生斜碰产生的 v_1，v_2 和 α。

$$\begin{cases} m_1 g\Delta t = m_1 v_1 + m_2 v_2 - m_1 v_0 \\ m_1 g\cos\beta\Delta t + F_{风}\cos(90°-\beta)\Delta t = m_1 v_1 \cos(\alpha+\beta) + m_2 v_2 - m_1 v_0 \cos(\gamma-\beta) \\ m_1 g\Delta t = m_1 v_1 \cos\alpha + m_2 v_2 \cos\beta - m_1 v_0 \\ m_1 g\cos\alpha\Delta t + F_{风}\cos(90°+\alpha)\Delta t = m_1 v_1 + m_2 v_2 \cos(\alpha+\beta) - m_1 v_0 \cos(\alpha+\gamma) \\ m_1 v_0 \sin\gamma = m_1 v_1 \sin\alpha + m_2 v_2 \sin\beta \\ v_1 \cos(\alpha+\beta+\theta) - v_2 \cos\theta = -v_0 \cos(\beta+\theta) \\ \Delta t = t = t_1 + t_2 = 1.47\sqrt[5]{\left(\frac{5m}{4n}\right)^2}\left(\frac{1}{\sqrt[5]{v_{r0}}}\right)\left(1+\frac{1}{\sqrt[5]{K}}\right) \end{cases} \tag{7.9}$$

通过各方向上的动量定理，可得到以上表达式。解出 v_1，v_2 和 α：

$$v_1 = \frac{m_1 g\Delta t \cot\beta + F_{风}\Delta t - m_1 v_0 \sin\gamma \csc^2\beta + m_1 v_0 \cos(\gamma-\beta)\csc\beta}{m_1 \cot\beta\cos\alpha - m_1 \sin\alpha - m_1 \sin\alpha \csc^2\beta}$$

$$v_2 = \frac{m_1}{m_2}\csc\beta(v_0 \sin\gamma - A_7)$$

$$\alpha = \arctan\left(\frac{A_7}{g\Delta t - v_0 \sin\gamma \csc\beta\cos\beta + v_0 \cos\gamma + \cot\beta A_7}\right)$$

其中

$A_7 = A_9/A_8$

$A_8 = -m_2 \sin(\beta+\theta) + m_1 \csc\beta\cos\theta + m_2 \cos(\beta+\theta)\csc\beta\cos\beta$

$A_9 = -m_2 v_0 A_{10} + m_2 A_{11} v_0 \sin\gamma \csc\beta\cos\beta - m_2 A_{11} v_0 \cos\gamma + m_1 v_0 \sin\gamma \csc\beta\cos\theta - m_2 A_{11} g\Delta t$

将得到的 v_2 值代入，即可得到碰撞力 N'，与树枝 B 的断裂极限值比较：当 N' 大于树枝 B 的断裂极限值时，树枝 B 断裂；当 N' 小于树枝 B 的断裂极限值时，树枝 B 摆动。

由图 7.13 和公式（7.10）可计算出树枝 B 的质量远远大于树枝 A 质量情况下发生斜碰产生的 v_1，v_2 和 α。

$$\begin{cases} m_1 g\Delta t = m_1 v_1 + m_2 v_2 - m_1 v_0 \\ m_1 g\cos\beta\Delta t + F_{风}\cos(90°-\beta)\Delta t = m_1(-v_1)\cos(\alpha-\beta) + m_2 v_2 - m_1 v_0 \cos(\gamma-\beta) \\ m_1 g\Delta t = m_1(-v_1)\cos\alpha + m_2 v_2 \cos\beta - m_1 v_0 \cos\gamma \\ m_1 g\cos\alpha\Delta t + F_{风}\cos(90°-\alpha)\Delta t = m_1(-v_1) + m_2 v_2 \cos(\alpha-\beta) - m_1 v_0 \cos(\alpha-\gamma) \\ m_1 v_0 \sin\gamma = -m_1 v_1 \sin\alpha + m_2 v_2 \sin\beta \\ v_1 \cos(\beta+\theta-\alpha) + v_2 \cos\theta = v_0 \cos(\beta+\theta-\gamma) \\ \Delta t = t = t_1 + t_2 = 1.47\sqrt[5]{\left(\frac{5m}{4n}\right)^2}\left(\frac{1}{\sqrt[5]{v_{r0}}}\right)\left(1+\frac{1}{\sqrt[5]{K}}\right) \end{cases}$$

$$(7.10)$$

通过各方向上的动量定理，可得到以上表达式。解出 v_1，v_2 和 α：

$$v_1 = \frac{m_1 g \Delta t \cot\beta + F_风 \Delta t - m_1 v_0 \sin\gamma \csc^2\beta + m_1 v_0 \cos(\gamma - \beta)\csc\beta}{-m_1 \cot\beta \cos\alpha - m_1 \sin\alpha + m_1 \sin\alpha \csc^2\beta}$$

$$v_2 = \frac{m_1}{m_2}\csc\beta \left(v_0 \sin\gamma + A_{12}\right)$$

$$\alpha = \arctan\left(\frac{A_{12}}{v_0 \sin\gamma \csc\beta \cos\beta - g\Delta t - v_0 \cos\gamma + \cot\beta A_{12}}\right)$$

其中

$$A_{12} = -A_9/A_{13}$$

$$A_{13} = m_2 \sin(\beta + \theta) + m_1 \csc\beta \cos\theta + m_2 \cos(\beta + \theta)\csc\beta \cos\beta$$

将得到的 v_2 值代入，即可得到碰撞力 N'，与树枝 B 的断裂极限值比较：当 N' 大于树枝 B 的断裂极限值时，树枝 B 断裂；当 N' 小于树枝 B 的断裂极限值时，树枝 B 摆动。

（4）在外力作用下树枝 A 在上升过程中与树枝 B 发生斜碰

根据定理 7.1，存在外力或外力与重力互相不可忽略的情况下，两树枝质量相差不大的情况如图 7.14 所示，树枝 B 的质量远远大于树枝 A 的质量的情况如图 7.15 所示。

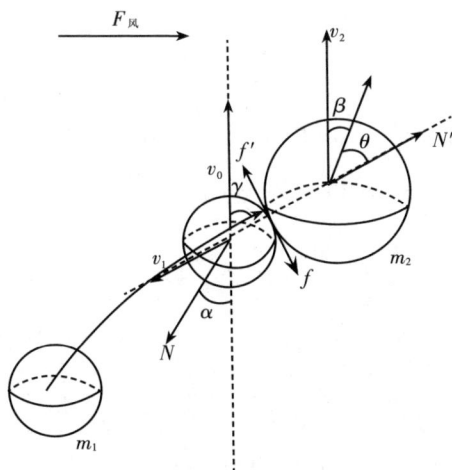

图 7.14 树枝 A 和 B 斜碰(4)   图 7.15 树枝 A 和 B 斜碰$(m_2 \gg m_1)$(4)

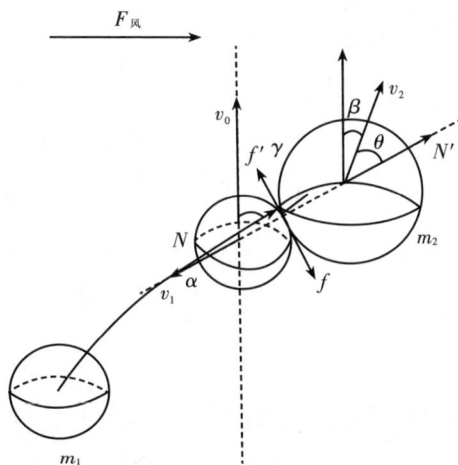

由图 7.14 和公式（7.11）计算出两树枝质量相差不大情况下发生斜碰产生

的 v_1，v_2 和 α。

$$
\left\{
\begin{aligned}
&m_1 g \Delta t = m_1 v_1 + m_2 v_2 - m_1 v_0 \\
&m_1 g \cos(180° - \beta)\Delta t + F_\text{风} \cos(90° - \beta)\Delta t = m_1 v_1 \cos(\alpha - \beta) + m_2(-v_2) - m_1(-v_0)\cos(\gamma - \beta) \\
&m_1 g \Delta t = m_1 v_1 \cos\alpha + m_2(-v_2)\cos\beta - m_1(-v_0)\cos\gamma \\
&m_1 g \cos\alpha \Delta t + F_\text{风} \cos(90° + \alpha)\Delta t = m_1 v_1 + m_2(-v_2)\cos(\alpha - \beta) - m_1(-v_0)\cos(\alpha - \gamma) \\
&m_1 v_0 \sin\gamma = -m_1 v_1 \sin\alpha + m_2 v_2 \sin\beta \\
&v_1 \cos(\alpha + 90° + 90° - \beta - \theta) - v_2 \cos\theta = -v_0 \cos(\beta + \theta - \gamma) \\
&\Delta t = t = t_1 + t_2 = 1.47 \sqrt[5]{\left(\frac{5m}{4n}\right)^2}\left(\frac{1}{\sqrt[5]{v_{r0}}}\right)\left(1 + \frac{1}{\sqrt[5]{K}}\right)
\end{aligned}
\right.
$$

$$(7.11)$$

通过各方向上的动量定理，可得到以上表达式。解出 v_1，v_2 和 α：

$$
v_1 = \frac{-m_1 g \Delta t \cot\beta + F_\text{风} \Delta t + m_1 v_0 \sin\gamma \csc^2\beta - m_1 v_0 \cos(\gamma - \beta)\csc\beta}{m_1 \cot\beta \cos\alpha + m_1 \sin\alpha - m_1 \sin\alpha \csc^2\beta}
$$

$$
v_2 = \frac{m_1}{m_2} \csc\beta\left(v_0 \sin\gamma + A_{14}\right)
$$

$$
\alpha = \arctan\left(\frac{A_{14}}{g\Delta t + v_0 \sin\gamma \csc\beta \cos\beta - v_0 \cos\gamma + \cot\beta A_{14}}\right)
$$

其中

$$
A_{14} = A_{15}/A_{13}
$$

$$
A_{13} = m_2 \sin(\beta + \theta) + m_1 \csc\beta \cos\theta + m_2 \cos(\beta + \theta)\csc\beta \cos\beta
$$

$$
A_{15} = m_2 v_0 A_{10} - m_2 A_{11} v_0 \sin\gamma \csc\beta \cos\beta + m_2 A_{11} v_0 \cos\gamma -
$$

$$
m_1 v_0 \sin\gamma \csc\beta \cos\theta - m_2 A_{11} g\Delta t
$$

$$
A_{10} = \cos(\beta + \theta - \gamma)
$$

$$
A_{11} = \cos(\beta + \theta)
$$

将得到的 v_2 值代入，即可得到碰撞力 N'，与树枝 B 的断裂极限值比较：当 N' 大于树枝 B 的断裂极限值时，树枝 B 断裂；当 N' 小于树枝 B 的断裂极限值时，树枝 B 摆动。

由图 7.15 和公式（7.12）可计算出树枝 B 的质量远远大于树枝 A 质量情

况下发生斜碰产生的 v_1，v_2 和 α。

$$
\begin{cases}
m_1 g \Delta t = m_1 v_1 + m_2 v_2 - m_1 v_0 \\
m_1 g \cos(180° - \beta)\Delta t + F_{\text{风}}\cos(90° - \beta)\Delta t = m_1(-v_1)\cos(\alpha - \beta) + m_2(-v_2) - \\
\qquad\qquad\qquad\qquad\qquad\qquad\qquad\qquad m_1(-v_0)\cos(\gamma - \beta) \\
m_1 g \Delta t = m_1(-v_1)\cos\alpha + m_2(-v_2)\cos\beta - m_1(-v_0)\cos\gamma \\
m_1 g \cos(180° - \alpha)\Delta t + F_{\text{风}}\cos(90° - \alpha)\Delta t = m_1(-v_1) + m_2(-v_2)\cos(\alpha - \beta) - \\
\qquad\qquad\qquad\qquad\qquad\qquad\qquad\qquad m_1(-v_0)\cos(\alpha - \gamma) \\
m_1 v_0 \sin\gamma = m_1 v_1 \sin\alpha + m_2 v_2 \sin\beta \\
v_1 \cos(\beta + \theta - \alpha) - v_2 \cos\theta = -v_0 \cos(\beta + \theta - \gamma) \\
\Delta t = t = t_1 + t_2 = 1.47 \sqrt[5]{\left(\dfrac{5m}{4n}\right)^2}\left(\dfrac{1}{\sqrt[5]{v_{r0}}}\right)\left(1 + \dfrac{1}{\sqrt[5]{K}}\right)
\end{cases}
$$

$$(7.12)$$

通过各方向上的动量定理，可得到以上表达式。解出 v_1，v_2 和 α：

$$
v_1 = \frac{-m_1 g \Delta t \cot\beta + F_{\text{风}}\Delta t + m_1 v_0 \sin\gamma \csc^2\beta - m_1 v_0 \cos(\gamma - \beta)\csc\beta}{-m_1 \cot\beta \cos\alpha - m_1 \sin\alpha + m_1 \sin\alpha \csc^2\beta}
$$

$$
v_2 = \frac{m_1}{m_2}\csc\beta\left(v_0 \sin\gamma + A_{14}\right)
$$

$$
\alpha = \arctan\left(\frac{-A_{14}}{-v_0 \sin\gamma \csc\beta \cos\beta - g\Delta t + v_0 \cos\gamma + \cot\beta(-A_{14})}\right)
$$

将得到的 v_2 值代入，即可得到碰撞力 N'，与树枝 B 的断裂极限值比较：当 N' 大于树枝 B 的断裂极限值时，树枝 B 断裂；当 N' 小于树枝 B 的断裂极限值时，树枝 B 摆动。

（5）树枝 A 横向与树枝 B 发生斜碰

根据定理 7.1，在外力远远大于重力时，A、B 的重力均忽略不计。树枝在外力作用下沿着外力方向做加速运动，如图 7.16 所示，由公式（7.13）可以得出冲力 F，并与树枝 B 的杨氏模量相对应的应力值比较。

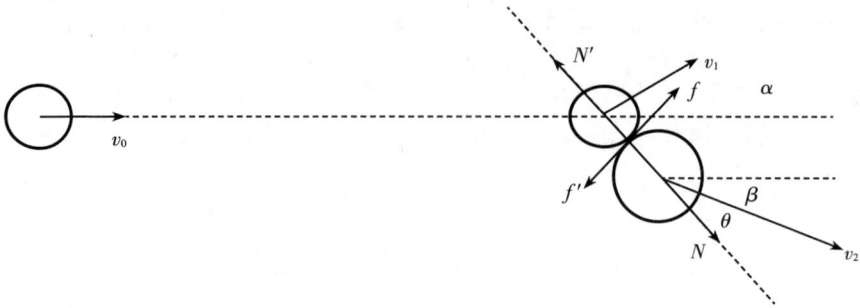

图 7.16　树枝 A 和 B 斜碰（5）

$$\begin{cases} F_{风}\Delta t = m_1 v_1 + m_2 v_2 - m_1 v_0 \\ F_{风}\cos\alpha\Delta t = m_1 v_1 + m_2 v_2 \cos(\alpha+\beta) - m_1 v_0 \cos\alpha \\ F_{风}\cos\beta\Delta t = m_1 v_1 \cos(\alpha+\beta) + m_2 v_2 - m_1 v_0 \cos\beta \\ F_{风}\Delta t = m_1 v_1 \cos\alpha + m_2 v_2 \cos\beta - m_1 v_0 \\ m_1 v_1 \sin\alpha = m_2 v_2 \sin\beta \\ v_1 \cos(\alpha+\beta+\theta) - v_2 \cos\theta = -v_0 \cos(\beta+\theta) \end{cases} \quad (7.13)$$

通过各方向上的动量定理，可得到以上表达式。解出 v_1，v_2 和 α：

$$v_1 = \frac{F\Delta t + m_1 v_0}{m_1 \cos\alpha - m_1 \sin\alpha \tan\beta + m_1 \sin\alpha \csc\beta \sec\beta}$$

$$v_2 = \frac{(F\Delta t + m_1 v_0)m_1 v_1}{m_2 \sin\beta(m_1 \cot\alpha - m_1 \tan\beta + m_1 \csc\beta \sec\beta)}$$

$$\alpha = \arcsin(A_{16}A_{17})$$

其中

$$A_{16} = \frac{F\Delta t m_2 \cos + 2m_1 m_2 v_0}{m_1 m_2 \cos\beta + m_1 m_2 \tan(\beta+\theta) + m_1^2 \csc\beta \cos\theta \sec(\beta+\theta)}$$

$$A_{17} = \frac{F\Delta t}{m_1} + v_0 - \frac{F\Delta t m_2 + 2m_1 m_2 v_0}{m_1 m_2 + m_1 m_2 \tan(\beta+\theta)\tan\beta + m_1^2 \cos\theta \sec\beta \sec(\beta+\theta)}$$

将得到的 v_2 值代入，即可得到碰撞力 N'，与树枝 B 的断裂极限值比较：当 N' 大于树枝 B 的断裂极限值时，树枝 B 断裂；当 N' 小于树枝 B 的断裂极限值时，树枝 B 摆动。

7.4.2.3 树枝 A 与 B 发生碰撞后向上反弹过程中与 C 相碰撞

树枝 A 做以 $v_2 = \sqrt{2gh_2}$ 初始速度向上, 加速度为重力加速度 g 的运动, 直至遇到树枝 C, 如图 7.17 所示。此时树枝 C 的速度为 v_c, 将其按照树枝 A 的运动方向分解, 得到沿 A 运动方向的速度分量, 相碰撞时树枝 A 的速度为 v_{2t}, 则 A 和 C 相对速度为 v_{ac}, 则此时根据公式 (7.2) 得到碰撞力 N' 后, 作为树枝 C 的外力与其断裂极限值比较得出结论。

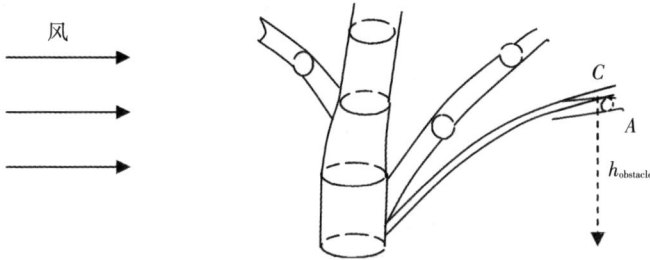

图 7.17 断裂树枝 A 与树枝 C 发生碰撞

7.4.2.4 树枝 B 发生碰撞后摆动模型

树枝 B 被树枝 A 碰撞后, 碰撞力 N' 小于 B 的断裂极限值, 树枝 B 摆动, 如图 7.18 所示, 其摆动角度 θ 可由公式 (7.14) 计算出。

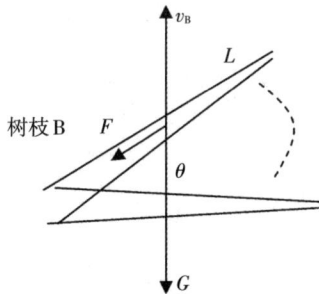

图 7.18 树枝 B 摆动

$$
\begin{cases}
a = \dfrac{G + F\cos\theta}{m} \\[2mm]
L\sin\theta = \dfrac{1}{2}at^2 \\[2mm]
v_{Bt} = v_{B0} - at \\[2mm]
v_{B0} = v_B'
\end{cases}
\tag{7.14}
$$

7.4.2.5 抛物线模型

（1）断裂树枝 A 在上升过程中遭遇其他对象

在风力或外力作用下，树枝 A 以碰撞方向相反方向反弹，树枝 B 以碰撞方向向下运动。得出树枝 A 理论反弹高度 h_2 后，树枝 A 的运动轨迹为受重力和风力共同作用且初速度向上。D 点（x_B，h_B）为碰撞发生点，E 点为树枝 A 向上运动的最高点。F 点为树枝 A 的落地点。可以计算出树枝 A 在此上升过程中的轨迹并得到是否与其他对象碰撞的信息，如图 7.19 所示。

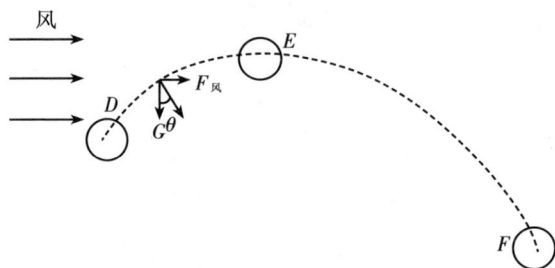

图 7.19　运动轨迹示意图

由于初始速度为 $v_2 = \sqrt{2gh_2}$ ，可以得到实际上升高度 E 点坐标（x_E，y_E）计算公式见式（7.15）。F 点坐标（x_F，y_F）见公式（7.16）。

$$
\begin{cases}
x_E = x_B + \dfrac{1}{2}at^2 = x_B + \dfrac{1}{2}\dfrac{F_{风}}{m_A}\left(\dfrac{v_2}{g}\right)^2 = x_B + \dfrac{F_{风}v_2^2}{2m_A g^2} \\[3mm]
y_E = h_B + \dfrac{1}{2}gt^2 = h_B + \dfrac{1}{2}g\left(\dfrac{v_2}{g}\right)^2 = h_B + \dfrac{v_2^2}{2g} \\[3mm]
\tan\theta = \dfrac{F_{风}}{G}
\end{cases}
\tag{7.15}
$$

$$
\begin{cases}
\begin{aligned}
x_F &= x_E + v_E t_{EF} + \dfrac{1}{2}at_{EF}^2 = x_B + \dfrac{F_{风}v_2^2}{2m_A g^2} + \dfrac{F_{风}v_2}{m_A g}\sqrt{\dfrac{2h_E}{g}} + \dfrac{1}{2}\dfrac{F_{风}}{m_A}\dfrac{2h_E}{g} \\[2mm]
&= x_B + \dfrac{F_{风}v_2^2}{2m_A g^2} + \dfrac{F_{风}v_2}{m_A g}\sqrt{\dfrac{2[h_B+(v_2^2/2g)]}{g}} + \dfrac{F_{风}}{m_A}\dfrac{h_B+v_2^2/2g}{g}
\end{aligned} \\[3mm]
y_F = 0
\end{cases}
\tag{7.16}
$$

（2）树枝 A 在下落过程中遭遇其他对象

依据正碰或斜碰相应公式，可解得相关变量，求得碰撞力。如图 7.20 所示。

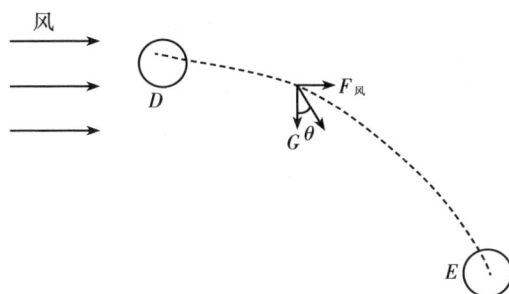

图 7.20　下落轨迹示意图

（3）树枝 A 碰撞后的运动过程中没有遭遇对象

在外力作用下，树枝 A 断裂后的运动中没有遭遇树枝 B，做抛物线运动，如图 7.21 所示。

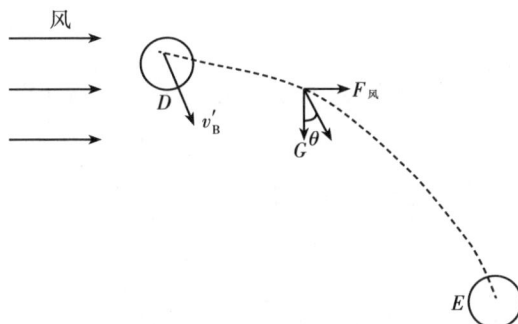

图 7.21　无碰撞下落轨迹示意图

由 D 点 $(x_B,\ h_B)$ 中的纵坐标 $h_B = v'_B \cos\theta t_{DE} + \dfrac{1}{2} g t_{DE}^2$ 可求出时间 $t_{DE} = \left[\sqrt{\left(v'_B\cos\theta\right)^2 + 2gh_B} - 2v'_B\cos\theta\right]\Big/ g$。从而求出 E 点坐标，见公式（7.17）。

$$\begin{cases} x_E = x_B + v\sin\theta t_{DE} + \dfrac{1}{2}\dfrac{F_{风}}{m_B} t_{DE}^2 \\ y_E = 0 \end{cases} \tag{7.17}$$

7.5 ｜ 自身翻转矩阵定义

细嫩的枝、叶在摆动过程中容易发生绕底部支撑点旋转的情况。假设旋转分为绕 X、Y 和 Z 轴旋转，那么枝、叶经过旋转后的位置为 **Matrix_z***

($Matrix\_y*(Matrix\_x*firstposition)$)。其中，*firstposition* 为初始位置，矩阵见式（7.18）。绕 X 轴旋转角度 *x_angle*，旋转矩阵为 **Matrix_x**，见式（7.19）。绕 Y 轴旋转角度 *y_angle*，旋转矩阵为 **Matrix_y**，见式（7.20）。绕 Z 轴旋转角度 *z_angle*，旋转矩阵为 **Matrix_z**，见式（7.21）[128]。

$$firstposition = \begin{bmatrix} x\_position \\ y\_position \\ z\_position \\ 1 \end{bmatrix} \tag{7.18}$$

利用矩阵 **Matrix_x** 来表示绕 X 轴旋转角度 $-x\_angle$。

$$Matrix\_x = \begin{bmatrix} 1 & 0 & 0 & 0 \\ 0 & \cos(-x\_angle) & -\sin(-x\_angle) & 0 \\ 0 & \sin(-x\_angle) & \cos(-x\_angle) & 0 \\ 0 & 0 & 0 & 1 \end{bmatrix} \tag{7.19}$$

利用矩阵 **Matrix_y** 来表示绕 Y 轴旋转角度 $-y\_angle$。

$$Matrix\_y = \begin{bmatrix} \cos(-x\_angle) & 0 & -\sin(-x\_angle) & 0 \\ 0 & 1 & 0 & 0 \\ -\sin(-x\_angle) & 0 & \cos(-x\_angle) & 0 \\ 0 & 0 & 0 & 1 \end{bmatrix} \tag{7.20}$$

利用矩阵 **Matrix_z** 来表示绕 Z 轴旋转角度 $-z\_angle$。

$$Matrix\_z = \begin{bmatrix} \cos(-x\_angle) & -\sin(-x\_angle) & 0 & 0 \\ \sin(-x\_angle) & \cos(-x\_angle) & 0 & 0 \\ 0 & 0 & 1 & 0 \\ 0 & 0 & 0 & 1 \end{bmatrix} \tag{7.21}$$

7.6 | 实验模拟

碰撞模型采用 C++编程语言来实现树枝受到风、雨滴作用之后产生摆动、断裂等效果的动态过程。图 7.22 表现的是在树木静态模型基础上，由 1 级风速逐渐加大风力达到 6 级风速之后的系统成像。可以看出随着风力逐渐增强，树枝倾斜幅度逐渐增大直至最终断裂。图 7.22 （a）所示为风力为 1 级情况下树木的形态。可以看出 1 级风力对于枝干、叶片等无很大影响，树木各部分对象几乎处于静止状态。图 7.22 （b）所示为风力为 4 级情况下的树木形态。可以看出 4 级风力对于细小的树枝影响较大，部分枝叶开始出现摆动的状态。图 7.22 （c）所示为风力为 5 级情况下的图像，可以看出树枝围绕着与上级枝干连接处摆动，发生幅度增大的现象。图 7.22 （d）所示为风力达到 6 级的情况，可以看出末级树枝在风场作用下断裂。从实现效果角度来看，利用此运动学模型可以得到逼真的树木运动姿态，模拟效果较好。

| （a）1 级风力成像图 | （b）4 级风力成像图 |

| （c）5 级风力成像图 | （d）6 级风力成像图 |

图 7.22 风场中树木运动学模型

7.7 | 本章小结

生长在自然界中的树木，经常受到风、雨等外力的作用。受外力作用而断

裂后的树枝如何运动、与其他树枝碰撞后运动轨迹如何变化，是构建逼真的树木动态模型过程中需要重点考虑的问题。本章引入碰撞中的弹性碰撞和非弹性碰撞的特征量，将相碰撞的树枝碰撞部分简化为两个球体，按照两球碰撞的球心关系将碰撞分为正碰和斜碰。根据自然界中实际存在的外力与重力之间关系，分为重力远远大于外力、重力大于外力、外力远远大于重力和外力大于重力等四种类型分别讨论。计算碰撞力、碰撞后的速度、运动夹角等数据，构建出能够反映断裂树枝在运动过程中由于与其他树枝、叶片等对象的碰撞而产生新的运动轨迹，被碰撞对象挤压、摆动、断裂等现象，被碰撞断裂的树枝与其他树枝之间的挤压等碰撞动作的运动学模型。经过实验模拟，可以看出基于运动学模型构建的树木模型在风、雨等外力作用下运动姿态逼真，模拟效果较好。

第 8 章
总结与展望

树木建模作为一门融植物学、气象学、计算机图形学、材料力学和物理学等技术为一体的典型科研领域，受到人们广泛关注。该技术可以快速地建立树木模型，并描绘出其在自然界风、雨等环境因素影响下的摆动断裂等姿态。随着对树木建模技术的深入研究，它的应用领域逐渐扩大，如在电力视觉领域中有广泛的应用前景，这使其成为国内外各大高等院校和科研机构研究的热点。其中，如何建立一套逼真、高效的树木模型算法成为树木建模技术发展过程中一个亟待解决的问题。树木模型总体上分为静态模型和动态模型两部分，其中，静态模型包括单体模型和组合建模，动态模型包括材料模型、气候模型和运动学模型。设计出高效的动态模型和算法对于模拟树木在自然界中的运动有着决定性的作用。本书以逼真模仿树木为出发点，分析了树木模型的特点和现有的工作，针对各功能模块需解决的问题，讨论了模型数据结构、建模算法、对象受力分析、碰撞处理等关键技术，并通过仿真实验证明了提出的模型和技术的有效性和可行性。本书的研究对电力视觉技术在架空输电线路走廊树障风险中的应用具有重要的现实意义和应用价值。

8.1 | 研究工作总结

本书主要针对树木静态建模和动态建模方法进行了研究，主要贡献如下：

① 构建以拓展二维半算法为基础的单体模型。充分考虑经典二维半算法表述模型的局限性后，提出重新定义半维信息含义，建立拓展二维半算法，设计出基于拓展二维半算法的四种单体模型。实验证明，简单标准体、复杂标准体、简单变形体和复杂变形体在存储数据时，比起现有的经典二维半算法，在

一定程度上减少了数据存储量，提高了建模响应时间，增加了描述形体的多样性，同时具有很高的效率。

② 通过树木分叉等本身结构特性，利用改进消隐算法，以单体模型构建出树木静态模型。针对树木静态模型，建立完成的单体模型通过消隐算法，利用同种类树木具有的共同结构特征从单个形体生长到整棵树木。本书中的改进消隐算法通过"体—面—线"转化，将组合时相关单体碰撞面的变化情况转换为对相关交线情况的判断，进一步判断出两个接触面相关位置处的面、线消隐的情况。并通过相应的数据结构来建立碰撞体的相关模型。实验证明，改进消隐算法在单体组合的过程，可以获得很好的数据精简性和模型准确性。

③ 在确定树木各部分断裂极限值部分，考虑树木外形特点和本身材料特性，借鉴材料力学中杨氏模量相关理论，提出了将受力对象无限分割成微小的圆柱体，根据其形状面积等信息量，确定每部分圆柱体对象的最大断裂极限值的方法。实验证明，该方法可以量化确定树木断裂位置以及断裂值，与自然界中引起树木断裂的外力值相差不大，从而逼真地模拟树木各对象断裂情况。

④ 在气候建模方面，考虑到模型需要描绘树木受自然界外力作用产生摆动、断裂姿态。以风、雨为例，首先基于风对象的风速风向特征，利用随机数的方式建立风模型。再根据经典物理学中相关理论，建立风速、雨滴与树木对象的受力关系，确定对象姿态。给出了包含风场模型和雨场模型的树木气候模型，有效模拟了树木在外力作用下的运动姿态。实验证明，依据本书中给出的算法建立的气候模型在模拟动态作用时，有着很逼真的效果。

⑤ 在运动学模型方面，进一步考虑分枝、叶片断裂运动轨迹、摆动角度，断裂或摆动后的运动过程中与其他对象碰撞以及被碰撞对象是否断裂或摆动的运动轨迹，对碰撞模型进行深入的研究。首次提出了利用经典物理学中的理论来处理两对象碰撞策略，提出了碰撞算法。实验表明，运动学模型和碰撞算法在模拟树木分枝、叶片等对象断裂、摆动的运动轨迹方面提出了量化方法，可以对模型进行量化处理。

8.2 | 进一步工作

在应对架空输电线路走廊树障风险的后续工作中，将从以下方向深入展开：

① 构建树木根部模型：尽管树木根部深埋于土壤中，日常难以观测，但在架空输电线路走廊环境下，其生长状况对线路安全有着潜在影响。例如，在土质较为松软的区域，树木根部若发育不良或出现病害，可能导致树木稳定性下降，增加大风天气下树木倒伏砸向输电线路的风险。为精准评估这一潜在风险，建立树木根部模型，研究其形态与分布情况，成为完善树木模型用于树障风险防控的重要一环。这不仅有助于提前预判树木倒伏隐患，还能为输电线路周边的水土保持工作提供科学依据，保障线路基础的稳固性。

② 研发光照模型：在架空输电线路走廊，树木受光照影响呈现出的外观变化，对电力视觉技术监测树障风险意义重大。光照条件的改变，如清晨、傍晚的逆光，以及不同季节光照强度和角度的差异，会使树木的颜色、纹理及叶片形态特征在视觉图像中产生明显变化。通过建立光照模型，深入分析这些变化规律，能提升电力视觉系统在复杂光照环境下对树木与输电线路相对位置、树木生长态势的识别精度，确保在各类光照条件下都能准确察觉树障风险，为及时采取防控措施提供可靠依据。

③ 完善气候模型中的雪、冰雹模型：在北方地区的架空输电线路走廊，冬季雪和冰雹频繁出现，对线路安全构成严重威胁。雪的堆积会增加树木枝干的负重，当超过树木自身的断裂极限值时，树枝易折断并砸向输电线路，引发短路等故障。冰雹的重力及冲击力，也可能损坏树木枝干，进而影响输电线路安全。因此，建立雪、冰雹模型，充分考虑其重力因素，以及它们作用于树木后引发的树木运动轨迹变化等特征，能更精准地评估冬季树障风险，助力电力运维部门提前制定应对预案，降低极端天气下树障引发线路故障的概率。

④ 探索极端天气下的树木模型：随着全球气候变暖，极端天气在架空输电线路走廊区域愈发频繁。龙卷风强大的风力可能直接将树木连根拔起或折断，使其瞬间倒向输电线路；雾霾天气则可能降低电力视觉系统的图像采集质量，影响对树障风险的准确监测。构建极端天气下的树木模型，研究龙卷风、雾霾等极端天气中树木的姿态变化，以及外力作用大小和分布情况，一方面可应用于电力视觉监测系统的优化，提高其在极端天气下的可靠性；另一方面能为电力公司制定应急预案提供参考，帮助其在极端天气前后更有效地排查和处理树障风险，保障输电线路的稳定运行。

⑤ 建立电力线路与树木的空间关系模型：在架空输电线路走廊树障风险防控工作中，建立电力线路与树木的空间关系模型至关重要。该模型能够直观展示树木与输电线路的相对位置、距离等信息，帮助规划人员清晰评估树木在不同生长阶段对电力线路的影响，提前规划线路走向，避开树木密集区域，从源头上减少树障风险。在电力线路维护过程中，模型可辅助维护人员制定合理的作业方案，避免维护作业与树木发生冲突，提高维护效率，确保维护工作安全有序进行，保障电力线路长期稳定运行。

⑥ 构建树木对电力线路的风险评估模型：树木的持续生长是架空输电线路走廊树障风险的动态影响因素。不同树种的生长速度、树冠扩展范围各异，对电力线路安全的威胁程度也有所不同。构建树木对电力线路的风险评估模型，综合考虑树木的种类、生长速度、与输电线路的距离以及所处环境等因素，能够帮助电力公司量化评估树障风险等级。依据评估结果，电力公司可针对性地制订树木修剪、砍伐计划，合理安排运维资源，提前采取措施消除潜在树障风险，提高故障预防和处理效率，有力保障架空输电线路的安全稳定运行。

参考文献

[1] COELHO A, BESSA M, SOUSA A A, et al. Expeditious modelling of virtual urban environments with geospatial L-systems [J]. Computer graphics forum, 2007,26(4):769-782.

[2] LI N, CHA J Z, LU Y P. A parallel simulated annealing algorithm based on functional feature tree modeling for 3D engineering layout design [J]. Applied soft computing,2010,10(2):592-601.

[3] 胡金良. 植物学[M]. 北京:中国农业大学出版社,2012.

[4] SCHWENK K, VOB G, BEHR J, et al. Extending a distributed virtual reality system with exchangeable rendering back-ends[J].The visual computer,2013, 29(10):1039-1049.

[5] LI Z L, NORISHIGE C. Research on real-time animation of trees swaying in wind[J]. Journal of system simulation,2008,20(8):2085-2091.

[6] OTA S, TAMURA M, FUJIMOTO T,et al. A hybrid method for real-time animation of trees swaying in wind fields [J]. The visual computer,2004,20(10): 613-623.

[7] CHATTERJEE A, RAY O, CHATTERJEE A, et al. Development of a real-life EKF based SLAM system for mobile robots employing vision sensing [J]. Expert systems with applications,2011,38(7):8266-8274.

[8] BEGUM M, MANN G, GOSINE R G. Integrated fuzzy logic and genetic algorithmic approach for simultaneous localization and mapping of mobile robots [J]. Applied soft computing,2008,8(1):150-165.

[9] GOSINE R G. An evolutionary algorithm for simultaneous localization and map-

ping（SLAM）of mobile robots［J］. Advanced robotics, 2007, 21（9）: 1031-1050.

［10］　ORTIGOZA R S, ARANDA M M, ORTIGOZA G S, et al. Wheeled mobile robots: a review［J］. IEEE Latin America transactions, 2012, 10（6）: 2209-2217.

［11］　赵振兵,翟永杰,张珂,等.电力视觉技术［M］.北京:中国电力出版社,2020.

［12］　马伟,库永恒,王来军.电力设施保护区域"树线矛盾"的原因分析及解决措施［J］.科技创新导报,2010,177（33）:78.

［13］　陈小平.浅谈电力工程中新建输电线路施工的管理［J］.中国新技术新产品,2016,330（20）:112-113.

［14］　汪晓,朱兆华,周凯,等.基于数字孪生的输电线路树木距离告警方法［J］.微型电脑应用,2022,38（10）:101-103.

［15］　张福海,付宜利,王树国,等.载体姿态无扰的自由漂浮空间机器人运动规划［J］.清华大学学报（自然科学版）,2008,48（11）:1735-1738.

［16］　HONDA H. Description of the form of trees by the parameters of the treeqike body: effects of the branching angle and the branch length on the shape of the tree-like body［J］. Journal of theoretical biology, 1971, 31（2）: 331-338.

［17］　OPPENHEIMER P. Real time design and animation of fractal plants and trees［J］. Computer graphics, 1986（20）: 55-64.

［18］　REEVES W, BLAU R. Approximate and probabilistic algorithms for shading and rendering structured particle systems［J］. Computer graphics, 1985（19）: 313-322.

［19］　DE REFFYE P, EDELIN C, FRANCON J, et al. Plant models faithful to botanical structure and development［J］. Computer graphics, 1988（22）: 151-158.

［20］　WEBER J, PENN J. Creation and rendering of realistic trees［C］. Proceedings of SIGGRAPH'95, 1995: 119-128.

［21］　OKABE M, OWADA S, IGARASHI T. Interactive design of botanical trees using freehand sketches and example-based editing［J］. Computer graphics forum,proceedings of eurographies,2005,24(3):487-496.

[22] WITHER J,BOUDON F,CENI M P,et al. Structure from silhouettes:a new paradigm for fast sketch-based design of trees [J]. Computer graphics forum, proceedings of eurographics,2009,28(2):541-550.

[23] SHLYAKHTER I,ROZENOER M,DORSEY J,et al. Reconstruction 3D tree models from instrumented photographs [J]. IEEE computer graphics and applications,2001,21(3):53- 61.

[24] 于舜,张铁. 拓展的二维半建模方法研究[C]. Proceedings of the 30th Chinese Control Conference,CCC2011,2011:1446-1448.

[25] MAKOTO O,SHIGERU O,TAKEO I. Interactive design of botanical trees using freehand sketches and example-hased editing [J]. Computer graphics forum,2005,24(3):487-496.

[26] 孙博文. 分形算法与程序设计[M]. 北京:科学出版社,2004:25-30.

[27] HANAN J. Virtual plants-integrating architectural and physiological models [J]. Environmental modelling & software,1997,12(1):35-42.

[28] SIBBING D,PAVIC D,KOBBELT L. Image synthesis for branching structures [J]. Computer graphics forum,2010,29(7):2135-2144.

[29] MIN S H,KUO F H,CHIN C C. A timestamping protocol for digital watermarking [J]. Applied mathematics and computation,2005,169(2):1267-1284.

[30] LLUCHA J,CAMAHORTA E,HIDALGOA J L,et al. A hybrid mutiresolution representation for fast tree modeling and rendering [J]. Procedia computer science,2010,1(1):485-494.

[31] ADCOCK B M,Jones K C,Reiter C A,et al. Iterated function systems with symmetry in the hyperbolic plane [J]. Computers & graphics,2000,24(5):791-796.

[32] LINDERMAYER A. Mathematical models for cellular interactions in development Ⅰ & Ⅱ [J]. Journal of theoretical biology,1968,18(3):280-315.

[33] PRUSINKIEWICZ P,HAMMEL M,HANAN J,et al. L-systems:from the theory to visual models of plants [J]. Machine graphics and vision,1996(1):365-

392.

[34] HABEL R, KUSTERNIG A, WIMMER M. Physically guided animation of trees [J]. Computer graphics forum, 2009, 28(2): 523-532.

[35] HAMON L, RICHARD E, RICHARD P, et al. RTIL-system: a real-time interactive L-system for 3D interactions with virtual plants [J]. Virtual reality, 2012, 16(2): 151-160.

[36] HOLLIDAY D J, SAMAL A. Object recognition using L-system fractals [J]. Pattern recognition letters, 1995, 16(1): 33-42.

[37] CHEN Y P P, HANAN J. Partial automation of database processing of simulation outputs from L-systems models of plant morphogenesis [J]. Biosystems, 2002, 65(2/3): 187-197.

[38] RENTON M, KAITANIEMI P, HANAN J. Functional-structural plant modelling using a combination of architectural analysis, L-systems and a canonical model of function [J]. Ecological modelling, 2005, 184(2): 277-298.

[39] KIM J, CHO H. Efficient modeling of numerous trees by introducing growth volume for real-time virtual ecosystems [J]. Computer animation and virtual worlds, 2012, 23(3/4): 155-165.

[40] XU L, MOULD D. A procedural method for irregular tree models [J]. Computers & graphics, 2012, 36(8): 1036-1047.

[41] KRECKLAU L, KOBBELT L. Interactive modeling by procedural high-level primitives [J]. Computers & graphics, 2012, 36(5): 376-386.

[42] ZHENG Y, LIU G R, NIU X X. An improved fractal image compression approach by using iterated function system and genetic algorithm [J]. Computers and mathematics with applications, 2006, 51(11): 1727-1740.

[43] URBASKI M. Diophantine approximation for conformal measures of one-dimensional iterated function systems [J]. Compositio mathematica, 2005, 141(4): 869-886.

[44] BUYALO S. Volume entropy of hyperbolic graph surfaces [J]. Ergodic theory and dynamical systems, 2005, 25(2): 403-417.

[45] REICK C H. Self-similarity and scaling in two models of phyllotaxis and the

selection of asymptotic divergence [J]. Journal of theoretical biology, 2012, 313:181-200.

[46] KAREEM A, KIJEWSKI T. Time-frequency analysis of wind effects on structures [J]. Journal of wind engineering and industrial aerodynamics, 2002, 90 (12):1435-1452.

[47] VAN LOOCKE P. Non-linear iterated function systems and the creation of fractal patterns over regular polygons [J]. Computers & graphics, 2009, 33 (6):698-704.

[48] 樊丽萍,邹荣金. 二维半自由曲面造型技术与雕刻系统[J]. 计算机工程, 1998,24(8):16-19.

[49] 于舜. 基于2.5D与特征描述的半结构物体建模方法研究[D]. 沈阳:沈阳工业大学,2009.

[50] MILLER J R. Vector geometry for computer graphics [J]. Computer graphics and application, 1999, 19(3):66-73.

[51] KIM C, HWANG J N. Fast and automatic video object segmentation and tracking for content-based applications [J]. IEEE transactions on circuits and systems for video technology, 2002, 12(2):122-129.

[52] WU H, SUN F C, LIU H P. Fuzzy particle filtering for uncertain systems [J]. IEEE transactions on fuzzy systems, 2008, 16(5):1114-1129.

[53] 孙家广. 计算机图形学[M]. 北京:清华大学出版社,1998:483-485.

[54] ROUSHAN R, WU X L. Universal wake structures of Karman vortex streets in two-dimensional flows [J]. Physics of fluids, 2005, 17(7):0736011-0736018.

[55] ZAYER R. A nonlinear static approach for curve editing [J]. Computers & graphics, 2012, 36(5):514-520.

[56] ROTH G, LEVINE M D. Geometric primitive extraction using a genetic algorithm [J]. IEEE transactions on pattern analysis and machine intelligence, 1994, 9(16):901-905.

[57] BITTNER J, PRIKRYL J, SLAVIK P. Exact regional visibility using line space partition-ing [J]. Computers & graphics, 2003, 27(4):569-580.

[58] OUJI A, LEYDIER Y, Lebourgeois F. A hierarchical and scalable model for

contemporary document image segmentation [J]. Pattern analysis and applications, 2013, 16(4):679-693.

[59] CHEN C H, LEE C Y. Reduce the memory bandwidth of 3D graphics hardware with a novel rasterizer [J]. Journal of circuits systems and computers, 2002, 11(4):377-391.

[60] KLOSOWSKI J T, SILVA C T. Efficient conservative visibility culling using the prioritized-layered projection algorithm [J]. IEEE transactions on visualization and computer graphics, 2001, 7(4):365-379.

[61] MAX N. Hierarchical molecular modelling with ellipsoids [J]. Journal of molecular graphics and modelling, 2004, 23(3):233-238.

[62] BAEK N, SHIN S Y. On circularly - hidden surface removal [J]. Information processing letters, 1998, 66(3):119-123.

[63] YU Y Z. Efficient visibility processing for projective texture mapping [J]. Computers & graphics, 1999, 23(2):245-253.

[64] 欧新良, 陈松乔. 关于凸曲面的几个定义的关系[J]. 数学理论与应用, 2005, 25(3):87-89.

[65] BALASUBRAMANIAM M, SARMA S E, Marciniak K. Collision-free finishing toolpaths from visibility data [J]. Computer-aided design, 2003, 35(4):359-374.

[66] SCHMALSTIEG D, TOBLER R F. Exploiting coherence in 2.5D visibility computation [J]. Computers & graphics, 1997, 21(1):121-123.

[67] CEVIK U. Design and implementation of an FPGA-based parallel graphics renderer for displaying CSG surfaces and volumes [J]. Computers and electrical engineering, 2004, 30(2):97-117.

[68] KYE H, JEONG D. Accelerated MIP based on GPU using block clipping and occlusion query [J]. Computers & graphics, 2008, 32(3):283-292.

[69] BARTZA D, MEINER M, HUTTNER T. OpenGL-assisted occlusion culling for large polygonal models [J]. Computers & graphics, 1999, 23(5):667-679.

[70] KNECHT M, TRAXLER C, MATTAUSCH O, et al. Reciprocal shading for

mixed reality [J]. Computers & graphics, 2012, 36(7): 846-856.

[71] MAGIN G, RUB A, BURSCHKA D, et al. A dynamic 3D environmental model with real-time access functions for use in autonomous mobile robots [J]. Robotics and autonomous systems, 1995, 14(2): 119-131.

[72] OLSON M, DYER R, ZHANG H, et al. Point set silhouettes via local reconstruction [J]. Computers & graphics, 2011, 35(3): 500-509.

[73] MARTINEZ R, SBERT M, SZIRMAY K L. Improving multipath radiosity with bundles of parallel lines [J]. Computer graphics forum, 2008, 27(6): 1632-1646.

[74] FALCONER K. Fractals and chaos: the mandelbrot set and beyond [J]. Nature, 2004, 430(6995): 18-20.

[75] ANDERSSON F O, AGREN G I, FUHRER E. Sustainable tree biomass production [J]. Forest ecology and management, 2000, 132(1): 51-62.

[76] 谭骏珊. 会同杉木人工林连栽生物量动态变化研究[D]. 长沙: 中南林业科技大学, 2010.

[77] GRIGAL D F. Effects of extensive forest management on soil productivity [J]. Forest ecology and management, 2000, 138(1): 167-185.

[78] DECKMYN G, CAMPIOLI M, MUYS B, et al. Simulating C cycles in forest soils: including the active role of micro-organisms in the ANAFORE forest model [J]. Ecological modelling, 2011, 222(12): 1972-1985.

[79] 魏敏. 暖温带四种木本植物茎流规律及其对环境因子的响应研究[D]. 济南: 山东大学, 2011.

[80] DAUZAT J, RAPIDEL B, BERGER A. Simulation of leaf transpiration and sap flow in virtual plants: model description and application to a coffee plantation in Costa Rica [J]. Agricultural and forest meteorology, 2001, 109(2): 143-160.

[81] RICHARDSON D M, REJMANEK M. Conifers as invasive aliens: a global survey and predictive framework [J]. Diversity and distributions, 2004, 10(5/6): 321-331.

[82] SPERRY J S. Evolution of water transport and xylem structure [J]. Interna-

tional journal of plant sciences,2003,164(3):115-127.

[83] RUSINKIEWICZ P, LINDENMEYER A. The algorithmic beauty of plants [M]. Berlin:Springer-Verlag,1990.

[84] 王冰,李家洋,王永红. 生长素调控植物株型形成的研究进展[J]. 植物学通报,2006,23(5):443-458.

[85] FOO E,BULLIER E,GOUSSOT M,et al. The branching gene ramosus1 mediates interactions among two novel signals and auxin in pea [J]. The plant cell, 2005,17(2):464-474.

[86] RODKAEW Y,CHUAI A S,SIRIPANT S,et al. Animating plant growth in L-system by parametric functional symbols [J]. International journal of intelligent systems,2004,19(1/2):9-23.

[87] REINHARDT D,MANDEL T,KUHLEMEIER C. Auxin regulates the initiation and radial position of plant lateral organs [J]. Plant cell,2000,12(4): 507-518.

[88] SHLYAKHTER I,ROZENOER M,DORSEY J,et al. Reconstructing 3D tree models from instrumented photographs [J]. IEEE computer graphics and applications,2001,21(3):53-61.

[89] SEN S,DAY A M. Modeling trees and their interaction with the environment: a survey [J]. Computers & graphics,2005,29(5):805-817.

[90] SHIPMAN P D,NEWELL A C. Polygonal planforms and phyllotaxis on plants [J]. Journal of theoretical biology,2005,236(2):154-197.

[91] FLEMING A J. Plant mathematics and Fibonacci's flowers [J]. Nature,2002, 418(6899):723.

[92] NEWELL A C,SHIPMAN P D,SUN Z Y. Phyllotaxis:cooperation and competition between mechanical and biochemical processes [J]. Journal of theoretical biology,2008,251(3):421-439.

[93] AONO M, KUNII T. Botanical tree image generation [J]. IEEE computer graphics and applications,1984,4(5):10-34.

[94] HELLWIGA H,ENGELMANNA R,DEUSSEN O. Contact pressure models for spiral phyllotaxis and their computer simulation [J]. Journal of theoretical

biology,2006,240(3):489-500.

[95] ZAGORSKA-MAREK B,SZPAK M. Virtual phyllotaxis and real plant model cases [J]. Functional plant biology,2008,35(9/10):1025-1033.

[96] QIN H,TERZOPOULOS D. Dynamic NURBS swung surfaces for physics-based shape design [J]. Computer-aided design,1995,27(2):111-127.

[97] PASKO A,FRYAZINOV O,VILBRANDT T. Procedural function-based modelling of volumetric microstructures [J]. Graphical models,2011,73(5):165-181.

[98] OKABE T. Physical phenomenology of phyllotaxis [J]. Journal of theoretical biology,2011,280(1):63-75.

[99] LIU Y J,SUI J L. Phototropism and phytochrome [J]. Journal of Beijing Forestry University,1998,7(2):28-55.

[100] TURYSHEV S G. Tests of relativistic gravity in space [J]. The European physical journal special topics,2008,163(1):227-253.

[101] GIANG T,O'SULLIVAN C. Approximate collision response using closest feature maps [J]. Computers & graphics,2006,30(3):423-431.

[102] GOBBETTI E,MARTON F. Layered point clouds:a simple and efficient multiresolution structure for distributing and rendering gigantic point-sampled models [J]. Computers & graphics,2004,28(6):815-826.

[103] MANDAL C,QIN H,VEMURI B C. Dynamic modeling of butterfly subdivision surfaces [J]. IEEE transactions on visualization and computer graphics,2000,6(3):265-287.

[104] 柳有权,王文成,吴恩华. 快速真实地生成树的自然摇曳[J].计算机学报,2005,28(7):1185-1190.

[105] FU T S,LI Y B,SHEN D X. Tree modeling and dynamics simulation [J]. Physics procedia,2012(33):1710-1716.

[106] STAM J. Stochastic dynamics:simulating the effects of turbulence on flexible structures [J]. Computer graphics forum,1997,16(3):C159-C164.

[107] RAYNAUD L,CHENERIE I,LEMORTON J. Modeling of radiowave scattering in the melting layer of precipitation [J]. IEEE transactions on geosci-

ence and remote sensing 2006,38(4):1574-1584.

[108] ROSS O N, BRADLEY S G. Model for optical forward scattering by nons-pherical raindrops [J]. Applied optics,2002,41 (24):5130-5141.

[109] 刘俊杰,周秀芝. 雨滴下落收尾速度的一般讨论[J]. 物理与工程,2010, 20(5):17-19.

[110] 王伟民,刘华强. 大气科学基础[M]. 北京:气象出版社,2011.

[111] RABOUD D, FAULKNER M G, LIPSETT A W. A segmental approach for large three-dimensional rod deformations [J]. International journal of solids and structures,1995,33(8):1137-1156.

[112] YEO D H. Multiple points-in-time estimation of peak wind effects on struc-tures [J]. Journal of structural engineering,2013,139(3):462-471.

[113] 中国气象局. 台风业务和服务规定[M]. 北京:气象出版社,2001.

[114] CHANG M C, KIMIA B B. Measuring 3D shape similarity by graph-based matching of the medial scaffolds [J]. Computer vision and image understand-ing,2011,115(5):707-720.

[115] 于舜,张铁. 基于经典力学的树木摆动断裂模型[J]. 计算机工程,2013, 39(9):293-297.

[116] JIMENEZ P, THOMAS F, TORRAS C. Collision detection: a survey [J]. Computer and graphics,2001,25(2):269-285.

[117] KAREEM A, TOGNARELLI M A, Gurley K R. Modeling and analysis of quadratic term in the wind effects on structures [J]. Journal of wind engi-neering and industrial aerodynamics,1998,74(6):1101-1110.

[118] HUBBARD P M. Collision detection for interactive graphics applications [J]. IEEE transactions on visualization and computer graphics,1995,1(3): 218-230.

[119] KANG H, KAK A. Deforming virtual objects interactively in accordance with an elastic model [J]. Computer-aided design,1996,28(4):251-262.

[120] GILBERT E G, JOHNSON D W, KEERTHI S S. A fast procedure for com-puting the distance between complex objects in three-dimensional space [J]. IEEE journal on robotics and automation,1988,4(2):193-203.

[121] NYIRENDA P J, BRONSVOORT W F. A framework for extendable freeform surface feature modelling [J]. Computers in industry, 2009, 60(1): 5-47.

[122] LYSENKO M, D'SOUZA R M. Interactive machinability analysis of free-form surfaces using multiple-view image space techniques on the GPU [J]. Robotics and computer integrated manufacturing, 2010, 26(6): 703-710.

[123] MAYER N, FOGEL E, HALPERIN D. Fast and robust retrieval of Minkowski sums of rotating convex polyhedra in 3-space [J]. Computer-aided design, 2011, 43(10): 1258-1269.

[124] WONG W S K, BACIU G. Hardware-based collision and self-collision for rigid and deformable surfaces [J]. Teleoperators & virtual environments, 2004, 13(6): 681-691.

[125] MYSZKOWSKI K, OKUNEV O G, KUNII T L. Fast collision detection between computer solids using rasterizing graphics hardware [J]. The visual computer, 1995(11): 497-511.

[126] CAMERON S. Collision detection by four-dimensional intersection testing [J]. IEEE transactions on robotics and automation, 1990, 6(3): 291-302.

[127] AKGUNDUZ A, BANERJEE P, MEHROTRA S. A linear programming solution for exact collision detection [J]. Journal of computing and information science in engineering, 2005, 5(1): 48-55.

[128] BACIU G, WONG W S K. Image-based techniques in a hybrid collision detector [J]. IEEE transactions on visualization and computer graphics, 2003, 9(2): 254-271.